勇敢做決定！

スパッと決める技術

「王牌大律師的判斷技巧」

告別拖延病、恐懼，
每一次選擇，
都是最好的

王牌大律師
谷原誠◎著
藍嘉楹◎譯

前言

我的委託人自殺身亡。

對於我這個委任律師來說，這件事對我造成很大的衝擊。

當時，我還只是初出茅廬的菜鳥律師。

向我尋求法律諮詢的委託人，是一間中小企業的老闆。

為了方便各位讀者閱讀，把他稱為Y先生。

Y先生的公司在日本泡沫經濟時期經營得有聲有色，在全日本都有展店，僱用大批員工。泡沫經濟開始瓦解時，他的公司出現經營不善的情形，業績一落千丈。雖然靠著從前的獲利還能苦撐一段時間，但資金終於告罄，他最後在束手無策的情況下，登門尋求法律諮詢。

我們共同檢討各種重建公司的方案，沒有一種可行，似乎只有申請破產一途，陷入困境。

Y先生受到很大的打擊。畢竟，他有過一絲期待，希望公司有東山再起的機會。

當時，Y先生再過幾天就會面臨現金短缺的窘境，所以有好幾天我們甚至討論到半夜，希望以最快的速度宣告破產。

Y先生為了籌措資金疲於奔命，看起來很憔悴，有幾分悲愴。對中小企業的經營者而言，公司就是人生的一切。公司倒閉，等於否定自己的人生。

在我們束手無策的時候，Y先生突然開口說了這段話：

「如果損失的只有我個人的財產就算了，但我是公司的老闆，必須替那麼多員工的生計負責。錢不夠這種話，我實在沒臉說出口。

所以我晚上睡不著，滿腦子只想著要去哪裡籌錢。

回到家，我總是愁眉苦臉，給家裡帶來煩惱。我想，事情總該有個了斷。」

就在準備宣告破產那天，我對Y先生說：

「辛苦您了，過了最後申告破產這一關，一切便結束。」

Y先生深深地向我低頭行禮，說：「一切有勞您了。」說畢離開。

我不經意的瞥了Y先生一眼。我原本以為，好不容易結束繁雜的準備，他的臉上應該會出現如釋重負的表情。

沒想到，Y先生卻一臉眉頭深鎖。

當下我有點不知該如何是好。在那一瞬間，我曾猶豫要不要和他說些什麼，但顧忌他失魂落魄的模樣，最後還是作罷。

（嗯，等他的心情平復，再邀他去吃頓飯吧！）

殊不知，「請他吃頓飯」成為我永遠無法實現的遺憾。

隔天，我接到一通緊急連絡電話。

Y先生給妻兒留下鉅額壽險，結束了自己的生命。

這消息對我來說晴天霹靂，後悔萬分。

如果當時我能勸他一句：「很多人破產，日子照樣好好過，再說，人生不是沒機會重來。別擔心，不會有問題的。」說不定就能阻止這件憾事。

這件事使我心生警惕，從此以後，無論多麼微不足道的小事，我都會要求自己立刻做決定。「即知即行，立刻執行」成為我處世的座右銘。

你是不是像我一樣，曾因為沒有馬上做決定，而後悔不已呢？

無法當機立斷，而錯失大好良機。

拿不定主意，所以失去重要的東西。

因為遲遲無法做決定，所以錯過向心儀對象表白的機會。

如果能立刻判斷，這些遺憾全都可以避免！

我小時候是個優柔寡斷的孩子，對自己的決定總是缺乏信心，沒有一次可以當機立斷。

所以，我曾遇過這麼一件事。

我在國、高中階段，喜歡過一個女孩子。但是，我一直猶豫不決，不知道如何向她提出交往的請求，所以把這份心意藏在心裡。

就在我搖擺不定的時候，有一個朋友向那個女孩子告白，結果兩人就開始交往。

知道這個消息，我感覺五雷轟頂，陷入極端的失落情緒。

老實說，這件事並不是到此結束，還有後續。據我所知，那個女孩子其實喜歡的是我，她一直在等我向她表白心意。可是左等右等，永遠等不到我的電話，所以才會答應和我朋友交往。

得知其中的來龍去脈以後，我氣得大罵自己：「天底下怎麼會有我這種笨蛋！」

進了大學，我還是改不掉這樣的個性。當時交往的女友曾抱怨我實在太缺乏決定的魄力。

等我通過司法考試、成為執業律師之後，原本優柔寡斷的個性，逐漸得到改善。經過無數次背負著別人一生，進出法庭進行生死殊鬥，從這些經驗，我的決斷力終於被磨練出來。

在工作上，我曾幾度面臨重大的抉擇。

例如，面對商務糾紛或談判時，到底要選擇和對方達成協議，還是乾脆撕破臉？或者要不要勸夫妻勞燕分飛，讓原本幸福的家庭分崩離析？

除外，我還見證過許多感情融洽的兄弟姊妹，為了遺產的問題對簿公堂，最後還是做出協議，達到雙贏的局面。

更重要的是，我現在開辦自己的法律事務所，旗下僱用二十位律師及員工，必須面臨經營方針等議題，我當然已做出不少重大的決定。

歷經過多次的抉擇，不論結果是否正確，起碼當我遇到必須做決定的時候，再也不會猶豫不決。「即斷即決」的狀況，每天上演好幾次。

希望透過本書，以我個人失敗的經驗為借鏡，把多年經驗中學到的下決定方法，告訴各位。

倘若你發現自己的情況符合下列任何一項，我建議你一定要讀這本書。

- 個性優柔寡斷，無法做決定。
- 就算做了決定，事後常常後悔。
- 老是覺得自己做錯決定。
- 希望能做出最理想的決定。
- 想活得像自己。

你正在煩惱這些問題嗎？其實透過本書，提升自己的判斷力，並不困難。

我就是現成最好的例子。

請想像一下，一向優柔寡斷、不可能迅速做決定的自己，變得果斷明快，行動迅速。

感覺怎麼樣？

請一定要在腦海想像這個畫面。

你總是做錯決定而後悔不已，現在卻變得很篤定，「哈哈，我真是料事如神啊，做了這麼棒的決定！」

我相信，你一定會對自己更有信心。

接下來，請你幫我一個忙。

請你做一個決定。

那就是，決定「要不要把這本書從頭讀到尾」。

你的決定是什麼？

如果你的決定是Yes，請你往下翻。

律師　谷原　誠

目錄

第二章 為什麼無法下定決心？

第三章

為什麼會做出錯誤的決定？

第五章

面對影響人生的重大決定

第六章 勇敢決定，不後悔

第一章　為什麼現在必須下決定？

Introduction

從前從前有一隻小狐狸，他從學校回到家，打開書包拿出課本。

「下個月就要考試，有好多書要念，先把功課寫完再說。」

就在這個時候，朋友小狗打電話來。

小狗約他出去逛街買東西。

小狐狸猶豫不決，不知道該怎麼辦。

（功課不能不寫，但我好想出去逛街，怎麼辦…）

結果，小狐狸和小狗一起去了百貨公司逛街，回到家的時候已經很晚。因為逛得太累，功課幾乎都沒寫就上床睡覺。

（為什麼那個時候我沒有…）

睡覺前，小狐狸想起在百貨公司發生的事。

有一家服飾店掛著一件紅色的衣服和黃色的衣服。

（該選哪一件？）

小狐狸猶豫不決。

店員向小狐狸推薦紅色，小狗說黃色比較適合小狐狸。

小狐狸無法做決定，最後告訴自己「說不定其他店還有更好看的衣服」，所以決定轉戰其他店。

小狐狸花很長的時間去做選擇，還是找不到中意的衣服。

最後，小狐狸打算回到一開始的服飾店，買那件紅色的衣服。

但是，走進店裡一看，剛才看到的紅色衣服不見了。原來已經有人在小狐狸到其他地方挑選的時候，把紅色衣服買走。原本可以到手的衣服，再也買不到。

（為什麼那個時候我沒有下定決心呢……）

小狐狸覺得很後悔。

小白熊從學校回到家，打開書包，拿出課本。

「下個月就要考試，有好多書要念，先把功課寫完再說。」

這時，他接到朋友小狗打來的電話。

小狗約他出去逛街買東西。

「不好意思，我要寫功課，今天沒空。」

小白熊拒絕了小狗的邀約，馬上坐在書桌前開始寫作業。

二十分鐘、三十分鐘、一個小時……

精神很集中的關係，功課比預計的時間提早寫完。

（現在還有時間，出門逛街吧！）

小白熊出門去逛百貨公司。

（哇！那件衣服不錯……）

一家服飾店裡，掛著一款好漂亮的衣服。

有紅色，還有黃色。

小白熊覺得兩件都很適合自己。

店員向小白熊推薦紅色，但是另外一位店員告訴他：「我覺得黃色比較適合你。」

小白熊閉上眼睛想了想，很果斷的決定。

「OK，我決定好了！」

他決定要買紅色的衣服。

沒多久，小狐狸匆忙的跑回店裡，但已不見紅色衣服的蹤影。

很明顯，紅色衣服是被小白熊買走了。

*

該果斷的時候就要趕快下決定，像小白熊一樣，一步步朝計畫前進。該抉擇的時刻已在眼前，卻還拖拖拉拉，就會像小狐狸一樣，落得一場空。

為什麼我們到了緊要關頭，卻偏偏無法下定決心呢？

為什麼我們一定要做決定？

人生是抉擇的累積

我們的日常生活，都有無數個「抉擇」。如果覺得「抉擇」說法太誇張，可以換成「選擇」或「決定」。

從早上開始，我們第一件要決定的事是幾點起床，起床後要決定做什麼（要先刷牙、換衣服還是看早報），接著決定要幾點出門。

雖然只是微不足道的小事，但都要自己做決定。

到了公司，還有更多的決定等著我們去做。要先檢查電子郵件，還是喝咖啡或打電話。

除了個人的工作，在公司還會遇到其他做決定的情況。

例如，新商品的設計，到底要採用A案、B案還是C案，價格要如何設定，何時上市？要不要成立分店，跨足新事業？還是出脫虧損部門等攸關公司存亡的重要決定。

私生活也一樣。

把約會和聚會一個個攤出來檢視，不難發現重點不外乎是何時邀請對方，要在哪裡碰面，用什麼樣的理由邀請。決定在餐廳見面，決定要點哪些菜。但在點菜之前，應該就要估算自己的預算，再決定去哪一種等級的餐廳。

經過無數決定，我們會面臨該進哪所大學，選擇到哪間公司就職，要不要結婚或生小孩，該不該離婚，買房子等影響甚鉅的重大抉擇。

每個人的生活，永遠少不了各種大大小小的「抉擇」、「選擇」、「決定」。

下決定時不乾不脆，或者做了不正確的決定，事後會覺得鬱悶，「活得很不是滋味」。

如果你希望按照自己的想法，活得自在，「做正確的決定」更顯得特別重要。

▲何謂「正確的決定」？

怎樣才算「正確的決定」呢？

要達到這標準，必須符合下列兩大要素：

①決定的時機

②支持決定的論點

這兩項都對，才稱得上是「正確的決定」。

但什麼時候才是正確做決定的時機？

說得簡單點，就是「當下已掌握七、八成做決定的證據」。

有些人認為「做決定之前，怎麼可能掌握所有的資訊」，這個想法是不正確的。

想要得到所有的資訊再下決定，幾乎不可能辦到。

如果堅持要掌握所有資訊再下決定，到頭來會變成根本下不了決定。只要你有七、八分把握，就要義無反顧的做決定。

這裡的決定，並不僅限於「要做還是不做」這類一翻兩瞪眼的選擇。

例如，「不應該現在做決定，一定要等某些資料到手再說」，就屬於一種決定。

再者，什麼是支持決定的論點？

第三章我會詳談這一部分，決定的內容不能被「決定的陷阱」影響，一旦決定就不後悔。

決定做了不會後悔，就是「適合自己」的判斷。

「適合自己」的決定，必須符合幾個條件，要符合自己的處事原則，可以毫無顧忌的表達自己真正的想法，不必勉強。

顧慮太多，做出不適合自己的決定（不符合自己的作風），後悔也來不及。

▲「決定」是通往成功的捷徑

正確的決定，要在正確的時機。

為什麼正確的時機很重要，請聽我的解釋。

市面有關成功哲學的書籍多不勝數，其實內容都大同小異。

每一本書想要表達的都是同一個法則：

「設定目標、制定計劃、勇於執行，是獲得人生成功的三部曲，如果失敗，就要想辦法改善，堅持到底。」

你一定會想：「這麼理所當然的事，還要你來說嗎？」

雖然是這麼理所當然的事，但大多數人卻辦不到。

在這個法則，「決定」扮演著什麼樣的角色？

在我們設定目標時，必須選擇適合自己的正確目標。

目標設定完成，制定計劃，最後付諸行動。

如果中途受挫，必須立刻決定進行改善，堅持到底，直到目標達成。所謂的人生成功法則，扣掉執行的部分，其他剩下的都是決定。

「果斷下決定，才能成功」，而「優柔寡斷，永遠不會成功」，兩者說法非常貼切。

▲撼動歷史的決定

做決定的重要性，可以從回顧歷史看見端倪。

一位卓越的領導人物做出的決定，足以左右歷史發展。

一九六二年，當時的兩大超級強國——美國和前蘇聯，因為古巴導彈的問題，雙方陷入僵局，第三次世界大戰一觸即發。史稱「古巴危機」。美國甘迺迪總統和前蘇聯總書記赫魯雪夫，最後決定避免軍事衝突，化解了這場危機，使世界得以維持和平。

另外有個截然不同的例子。一九四一年十二月，當時正值世界大戰時期，日本政治家面臨開戰的抉擇關頭，和美國進行交涉，當時日本針對和平或武力方式解決（戰爭）的議題，下了一個決定，這個決定是「參戰」，明顯是對日本局勢不利的解決方式。

這個決定，使日本成為第二次世界大戰的參戰國，戰爭結束，日本淪為戰敗國。

在商場的競爭中，一個決定往往會扭轉世界的發展。

一九五四年，奶昔攪拌機的業務員雷．克羅克（Ray Kroc），為了推銷自家的機器，去拜訪一對兄弟經營的餐館。

進入餐館，他大吃一驚。

餐館的翻桌率高得驚人，前一批客人剛走，座位馬上由下一批客人遞補。

克羅克大感佩服之餘，靈機一動想到：如果能以連鎖店的型態複製這樣的銷售型態，一定大有可為。於是他辭去銷售員的工作，決定全力投入這個新事業。

克羅克決定向這對經營餐館的兄弟買下加盟權，大展鴻圖。

當時經營餐館的兄弟姓麥當勞。這故事的結果，就是目前在全世界擁有超過三萬兩千間（二〇一一年統計）門市的速食界龍頭——麥當勞誕生的軼聞。

透過這個例子，相信你可以大致了解，一個決定足以扭轉世界。

▲判斷魄力的缺乏

一般都知道，日本人不善於迅速下決定。

不知道各位有沒有聽過這個笑話。

這是一個諷刺各國民族性的笑話，在國外很有名。

鐵達尼號即將面臨沈船的命運。

糟糕的是，每一艘救生艇都很狹窄，容納人數有限，所以船上的工作人員希望身體強健的男性能夠留在船上，不要上小艇。那麼，船員要怎麼去說服乘客呢？他們對每一國的男性乘客，都有不同的說詞。

遇到英國人：「因為您是紳士，想必願意接受我的請求吧？」

遇到美國人：「因為您是英雄，我想您一定願意吧？」

如果對方是義大利人：「女士們都說要留在船上。」

對俄羅斯人的說詞是：「船上還有不少酒，但是，救生艇上一滴酒也沒有。」

對日本人說：「別人都說要留在船上。」

決定是極為私人的行為，照理說不應該受到任何因素左右，而是依照自己的價值觀，選擇最理想的方式。但是，看到上面的笑話，日本人在做決定的時候，確實會有顧忌他人觀感的傾向。

理由是？

因為日本社會已經發展出一套不必判斷，就能活得很好的系統。

日本人在國、高中的時候，選擇將來的出路，就是一個現成的例子。國、高中階段的學生，決定要報考哪間學校完全憑自己的判斷，在日本的機率非常低。

原因很簡單。每間學校基本上都是依照偏差值（日本學力的測量標準）來分等級，所以考生會自動按照成績，決定要報考的學校。

即使經過學校輔導，老師也不會建議學生：「雖然這間學校的偏差值較低，但我覺得蠻適合你的。」

聽到老師建議：「以你的成績，應該是上○○高中吧！」未經深思熟慮就決定報考那個學校，這樣的日本學生佔絕大多數。

就業的時候也一樣，一般人都把公司的知名度和規模，當作選擇的優先考量，而非是否真正適合自己。

總括來說，日本人雖然會替別人下決定，但不懂得如何用自我的標準，為自己下決定。

演變成如此情況，這和日本的「歷史背景」有關。

二次大戰後的日本，已從佔領的盟軍最高司令官總司令部（GHQ）取回主權，卻還是處處仰賴美國「做決定」。

尤其在冷戰時期，日本屬於西方陣營（自由主義陣容），因此遇到外交的問題，只要遵從美國的決定，就可以大事化小、小事化無。

依照成功法則的觀點而言，日本等於是目標和計劃都已經被決定好，人民只需拚命工作。由於大事都不是由自己決定，好像完全不在乎，對生活也沒有影響。

連國家都處於被人控制的狀況，難怪人民寧願採取保守策略，也不願意冒險，表達出自己的想法。

▲時代的趨勢

即使不做決定，也不會造成任何大礙，這是舊思維。

但是，這樣的時代已經結束。

對於日本來說，關鍵是二〇一一年三月十一日發生的東日本大地震。

經歷這場前所未有的大震災，日本人民發現，「原來我們的人生不知道會在什麼時候，以何種方式結束。」

各位切身體會到，在一瞬間失去所有的悲劇，可能發生在現實生活中。

循著前人已經鋪好的軌道向前走，無法保證人生會得到幸福。

未來，各位更重視對自己而言「真正的幸福」，而且要活得忠於自我。因此，能否做出不讓自己覺得委曲的決定，必須勇於面對人生。

決定的時機

拖延症候群

「為什麼那時候我沒有下定決心？」

「為什麼我沒有及早處理？」

這樣的懊悔經常出現在我們的生活中。

想必你也有過同樣的經驗。

「真希望我當初有那樣做就好了。」

有人在臨終前說出這種話，代表很悔恨。

請問你有沒有遇過類似的情況？手邊還有當天必須完成的工作，卻忍不住接受同事的邀約，一起去喝一杯。

或者老早就計劃要向女朋友求婚，也準備好戒指，約會的流程和告白地點更是規畫得妥妥當當，但到最後一刻，想要說的話卻卡在喉嚨，說不出口。

在餐廳點菜時，每個人都點好了，只有你把菜單來回翻看好幾遍，還是無法拿定主意，白白浪費時間。

還是你很想下定決心斬情絲，但想到從前付出的青春，覺得心有未甘，所以歹戲拖棚，繼續和對方耗下去。

上述的情況，都是「拖延症候群」的結果。

▲最好的決定就是在此時此刻

身為一個律師，我每天都會接到各種諮詢。

以前，某個公司經營不善的社長，曾向我諮詢：「有沒有什麼辦法可以保住我的事業和員工，如果我個人的財產能不受損失更好。」

時機掌握得宜，透過法律制度的保障，他的要求並非做不到，所以我向他提出這樣的建議：「現在處理應該還來得及。採取一些手段，雖然要花錢，會讓你排斥，但達成你的希望應該不會有太大問題。不過我要提醒您，如果經營情況繼續惡化，拖下去就會來不及，說不定什麼都保不住。所以我勸您最好立刻處理。」

聽我這麼說，這位社長只說：「我了解，我會考慮看看。」然後就離開。

後來我再沒有接到他的電話。

等到他再次現身，已經過了半年。他依舊苦著一張臉，來到事務所向我諮詢。他告訴我，公司的情況變得更加危急。

我問他：「您試過我上次建議的方法嗎？」他回答道：「其實，我一直有想著要快點進行，但是拖著拖著，時間就過去。況且，我覺得公司應該會有辦法度過危機，所以一直沒有採取任何行動。不知道現在是不是還來得及？」

雖然他終於覺醒，但已經太遲。我查閱公司的財務狀況，立刻得知只能上法院解決。一旦向法院申請破產，社長名下的所有財產將被查封，公司無法繼續營運。

如果我當初向他提出建議的時候，他就立刻採取必要措施，很有機會全身而退。但是，這位社長卻採取拖延戰術，導致失去一切。

由於沒有下定決心的人是社長，就這角度而言，社長要為自己的決定負責。但是，我在這件事也不能說完全沒有責任。

這次，讓我深切體認到自己能力的不足。

從這個例子中，你是否得到啟示？

沒錯，決定必須挑對時機。

遇到「現在一定要做決定」的時候，一定要當機立斷，不能有半點猶豫。否則就可能像這位社長一樣，遭受莫大的損失。

▲拖延的風險

拖延，確實在短時間內會很輕鬆。

由於決定往往會造成「現況改變」，而產生不便，因此把「決定」這件事往後延，會暫時變得很輕鬆，什麼都不必做。

以達爾文的進化論為佐證，相信你早已了解，為了生存，一定要適應環境的變化。以前一節的例子而言，社長沒有當機立斷，面臨「經營狀況惡化」的轉變，經營者必須立刻做出因應的對策。

遺憾的是，由於沒有馬上採取行動，所以最後付出慘痛的代價。選擇逃避，繼續維持現狀，終究要面臨淘汰的命運。

歷史上的偉人，曾經探討過拖延的風險。

出生貧苦的鋼鐵大王安德魯．卡內基曾說：「即使必要的條件都已齊全，卻無法立刻決定，等於沒有得到任何成果。」

創建成功哲學的勵志大師拿破崙．希爾則說：「成功者養成習慣，快速達成每一個決定，如果必須改變，則會三思而後行。」

我們應該向他們看齊。得到必要的資訊或條件，就應該立刻做決定，不要說「我回去評估看看」。

▲年齡不是決定的阻礙

「我年輕的時候很想創業。但由於上班領的薪水還可以，所以一直無法下定決心。現在還是很想試試看，但想到自己的年齡，覺得已經太晚。」

「我很想轉換跑道，試試自己的能耐。可是，如果不成功，收入減少，家人會跟著受苦。我應該早一點下定決心的……」

你是否曾經有過同樣的想法呢？

如果有，請看接下來的故事。

有一個男人，在加油站旁邊經營一間小餐館，超過二十五年。

但是，自從離餐館有點距離的地方，開通了一條新的高速公路，餐館的生意變得一落千丈。最後，餐館遭到拍賣，男人變得一無所有。

這時候，男人的年紀已經超過六十歲。

如果是一般人，應該會就此放棄。但是，男人並沒有這麼做。

他打算另起爐灶，東山再起。

但是沒有資本，要怎麼創業？

不對，他並不是毫無本錢。他最值錢的資產，就是這二十五年磨練而來的「好廚藝」。

他的小餐館，在新的高速公路開通以前生意興隆，招牌菜是獨家配方烹調的雞肉料理。所以他決定以賣配方而不開店的型態，展開連鎖加盟事業。

後來，他的連鎖加盟事業，以勢如破竹的速度急速成長，目前已經在全球擁有一萬間以上的加盟店。

這個男人的名字是桑德斯上校，他的店名是肯德基炸雞。

看完這個故事，你不妨想想自己的情形。

和這個瀕臨破產的老頭子相比，你的情形是不是比較好？

答案如果是肯定的，「現在下定決心，太晚了」這句話就不能當作擋箭牌。

你應該立刻付諸行動，立刻。

第二章　為什麼無法下定決心？

沒有自信，無法做決定

優柔寡斷都是資訊氾濫造成？

每個人下不了決定的情況都不同。

有些人因為害怕失敗而無法決定，有些人是缺乏自信，除此之外，有人則是除非有十足的把握，否則沒辦法下定決心。

接下來，我想利用本章探討無法做決定的心態。

首先是對自己缺乏信心，所以無法做決定。

這類型的特徵是，很容易鑽牛角尖，總是煩惱自己是否判斷錯誤，所以遲遲無法決定。

假設有個人正在為了要不要換工作而煩惱。

他向身邊的人徵詢意見，結果得到很兩極的意見。

「與其抱著不滿，繼續現在的工作，你應該換個跑道拼拼看。」

「會對工作產生倦意，問題是出在你自己。就算換了新公司也一樣。」

他做功課以後，發現人們的意見分成兩派「好險我換了工作」和「早知道就不換工作了」，兩邊的說法都很有說服力。這下子，他真的徹底沒轍，對自己的判斷失去信心，眼看著日子一天天過去，還是無法下定決心。

一旦決定要換工作，請開始留意有沒有適合的公司，把自己的履歷表寄過去。

如果決定要留在現在的公司，就好好在自己的工作崗位上打拼。

話說起來雖然簡單，但由於缺乏自信，會遲遲無法做出抉擇，只能陷入煩惱的漩渦不斷打轉。

這種情況其實很令人無奈。

現代網路普及，和以往相比，我們得到的資訊呈現爆發性的增加。

但是，面對龐大的資訊量，判斷哪些正確、哪些錯誤，不是簡單的事。太多的資訊量，只會增加判斷的困難程度。

從這個角度看，要現代人自信滿滿的做決定，難度很高。
無止境的煩惱，遲遲無法做決定，最後會產生問題。

▲充滿自信做決定

一個人會缺乏自信，原因在於「自我評價過低」。
如果對自己充滿信心，必能快速下定決心，勇往直前，太小看自己的人，會對判斷缺乏自信，自尋煩惱。
這種人該怎麼辦呢？
答案很簡單，對自己有信心就可以了。
但是，要怎麼做？
即使沒有自信，也可以假裝表現很有信心的樣子。
心裡根本沒有自信也沒關係。看起來有自信就夠了。

▲想哭的時候，笑一笑

心理狀態和身體產生連動，這是人類的特質。

高興時，臉上自然浮現笑容，悲傷時，臉上會露出難過的表情。

想要違背這種「身心合一的一貫法則」，不是簡單的事。

舉例來說，我們沒辦法一邊開心的踩著輕快的步伐，一邊悲傷落淚；沒有人可以邊笑邊生氣。

反過來利用這個原則，可以讓身體先產生行動，進而對心理產生正面影響。平時是由心理反應帶動身體反應，但是我們要運用這個身心互為一體的原則，把順序顛倒過來，讓身體去影響心理。

比方說，想沖淡悲傷的情緒，我們可以大笑大叫：「哇！我好開心！」這種行為雖然看起來很愚蠢，但多做幾次，難過的情緒就會消失，非常不可思議。

完全提不起幹勁時，舉手比出勝利的手勢，大聲對自己說：「我對自己有信心！我一定可以下定決心！我的決定是正確的！」

相信你的幹勁就會油然而生，充滿自信的做出決定。

▲勝利手勢引導我走向成功

有些人會心存疑問：「這麼做真的會增加自信心嗎？」

請放一百二十個心。

老實說，這是我自己在做的技巧。

我二十五歲考上律師，當時對自己一點信心也沒有。

想到要背負改變他人生命的重責大任，必須站在法庭上，與經驗比我豐富的資深律師們「過招」，那股龐大壓力讓我嚇到腿軟。

所以我決定，無論遇到功力再高段的對手，我都要表現得自信滿滿、勝券在握。我養成一個習慣。和對方交手前，一定會舉手做勝利手勢，對自己說「上吧！不論對手是誰我都贏定了！」

自從做了這樣的改變，我變得很有信心，不論遇到多厲害的律師，都能大膽的和對方交涉。

與生俱來的自信，不是每個人都有。只要找對方法，一樣可以變得有自信。我有信心你也能像我一樣，提高自信指數。

害怕失敗，不敢做決定

▲你是不是「學習無助感」的一分子？

下了決定，付諸行動，一定會看到結果。

結果可能是成功，也可能是失敗。

有些人極度害怕「失敗」，因為煩惱，陷入什麼都無法決定的狀況。

這種人在決定前會想，「失敗了怎麼辦？」「真的會順利嗎？」「要是失敗，壓力好大喔！」「乾脆不要決定算了，免得一大堆麻煩。」之類的念頭，所以不斷拖延時間。

這種人陷入「學習無助感」的情況。

心理學者馬丁・塞利格曼先生，曾進行以下的實驗。

他把一群狗分成兩組，分別關進相鄰的兩個房間。這兩個房間的地板都布置會通電的機關，產生電擊。

其中一個房間設有停止電擊的按鈕，另一個房間沒有。

狗被通電的地板電擊了幾次以後，由於一間房間設有停止電擊的按鈕，因此狗學會了按按鈕。而房間沒有按鈕的狗，只能忍受電擊。

接著，把兩個房間之間的隔板放低，讓狗可以跳到另一個房間。此舉的目的是為了讓狗能夠自由來去兩個房間。

最後把所有的狗都集中在同一個房間，進行電擊。

當狗遭受電擊，跳過隔板，就可以移動到安全的房間。

電擊開始，曾待在設有停止按鈕房間的狗，沒多久都發現可以跳過隔板，電擊就會停止，免於遭受電擊。所以這些狗都跳過隔板，移動到安全的房間。

曾待在沒有按鈕房間的狗，遭到電擊，卻不會想要跳過隔板，牠們都停留在原來的房間，忍受電擊。

曾待在沒有按鈕房間的狗，不能停止電擊，因此牠們從經驗中得知，一切的努力都是枉然，再怎麼努力也不會有任何改變。

既然努力是枉然，所以選擇什麼都不做，稱為「學習無助感」。這種情形在人的身上也看得到。學生為了使落後的成績迎頭趕上，拼命用功唸書，如果下次考試的成績還是不理想，他就會學到「原來努力沒有意義」。但說不定只是剛好陷入停滯期，再努力一下就能突破。

▲大象不逃走

再舉一個例子。

有個人到馬戲團，看見一個讓人無法理解的情景。

他發現成年的大象或幼象，都被鎖在細細的木樁上。

有些幼象想要掙脫枷鎖的束縛，礙於年紀小力氣不夠，沒辦法掙開枷鎖。但成年大象卻一點逃走的意願都沒有。其實成象要推倒小木樁是輕而易舉的事，卻一點也沒有要逃走的意思。

這個人向馬戲團的團長詢問理由。團長告訴他。

「從幼象起，大象就被鎖在木樁上。每隻都曾死命掙扎，想要逃走。可是，幼象力氣還小，不論怎麼努力還是徒勞無功，牠們因此從經驗中學到，不論怎麼做都無法掙脫枷鎖的束縛。這個想法在腦中根深蒂固，就算後來長大、力氣變強，還是不會有想逃脫的念頭。」

不只是動物，人也一樣。一旦有過失敗的經驗，就會認定努力是白費工夫，從此不再試著努力。

▲永不放棄的老鼠

要怎麼做，才能擺脫「學習無助感」？

最好的辦法是透過學習。你必須給自己洗腦「努力就會成功」。

我再向各位介紹一個實驗。

這是生物精神學者卡特・李希特做的實驗。

他把幾十隻老鼠一隻隻分別放進不同的玻璃瓶，每個玻璃瓶都裝八分滿的水。老鼠沒辦法從玻璃瓶中逃出來，必須保持游動才能活命，否則會活活溺死。

每隻老鼠的體力都差不多，在實驗中，有些老鼠奮力游了六十個小時才體力不支，有些老鼠很快就放棄，游一下子就滅頂。

他接下來進行下一個階段的實驗，對老鼠進行訓練。

他把老鼠放進玻璃瓶，對牠們連續沖水好幾分鐘。等到水滿出瓶子，老鼠逃走，再把牠們捉回瓶子。同樣的步驟反覆好幾次。

他把老鼠們裝回瓶子，再把水裝滿。發現每一隻老鼠都沒有放棄求生意志，平均連續游了六十個小時。老鼠從經驗中學到「努力就可以活下來」的道理，因此堅持到底，永不放棄。

▲累積小小的成功經驗

既然老鼠辦得到，人類沒有做不到的道理。「學習無助感」是對於「反正努力也沒用」的打擊，形成習慣，想要打破這個習慣，就要用「學習有助感」來取代。

由於從前的努力都沒有開花結果，想要快速得到很大的成果，難度很大。

所以，請放低標準，努力累積幾次的小成功。

有很多方式可以得到小成功的經驗，練習日本武術為其中一個方法。

空手道等武術，從最初階的白帶（十級）開始學習，隨著每次晉級考試，學員會一路升級到綠帶、茶帶，最後取得黑帶（初段）的資格。再精益求精，可以晉級為二段、三段。其實，設立這樣的晉級制度，可以讓學員得到成就感並保持繼續精進的動機。

身心都在鍛鍊，又能體驗成功的滋味，這是很棒的事。

我本身是合氣道二段，以我個人的經驗，合氣道是一門符合自然規律的完美武術，很值得向各位推薦。透過進階．晉級，達到「好還要更好」的目標，方法不僅限武術，利用其他的才藝（插花或書法等）也能做到。

累積小小的成功經驗，在工作上同樣有效。

例如，跑業務，就訂出一天要打幾通電話、拜訪幾位客戶、簽成幾件合約等目標。朝著目標努力，累積成功的經驗。會計人員，也能期許自己一個小時要處理幾張發票，努力去達成。看似微小的累積，卻是增加自信心的有效方法。

▲模擬成功體驗

強化自信心，可採用模擬成功體驗的方法。

市面上有愛迪生、貝比・魯斯等偉人傳記，雖然是給小朋友看的勵志書籍，但我還是一有時間就拿出來閱讀。每次讀都會產生「我要更努力」的鬥志。

傳記寫的是偉人如何克服失敗和挫折，最後得到成功，從這樣的「模擬體驗」，可以讓你重新找回自信。

模擬體驗別人的成功經驗，電影、小說、漫畫等虛構的內容都可以。

我最喜歡的電影之一是《洛基》。

劇情描述的是綽號「義大利種馬」的潦倒拳擊手，在某次因緣際會，得到和世界冠軍一較高下的機會，最後決定奮力一搏的故事。凡是主角奮鬥獲得成功的電影，都很合適。

有些人會懷疑「這種方法真的能增加自信嗎？」

對那些喜歡潑人冷水的人，會覺得「反正都是虛構啦！現實生活根本不可能發生這樣的事。」這種人一輩子都無法改變自己。

模擬體驗雖然不是實際去體驗，但我們的大腦其實無法分辨實際和模擬的體驗。

不知道各位有沒有做夢的經驗？搞不清楚是在做夢還是現實。因為做夢屬於模擬體驗，大腦無法分辨是否為實際體驗。

運動選手賽前進行的意象訓練（Image Training，運動訓練學名詞。根據過去經驗，想像未來發展的心智機能。）是模擬體驗的應用。就算身體不動，大腦也會和實際體驗產生作用。

我在開庭前或展開談判時，都會在腦中模擬等一下可能出現的場景。進行這樣的模擬，在正式上場時，精神狀態會產生顯著的差異。

不要小看模擬體驗。缺乏信心的你，更應該在腦中多多練習，模擬成功的體驗。

做決定，不需要百分百把握

▲做決定的迷思

有些人因為不確定某個決定是不是對自己最有利，所以採取拖延戰術，不做決定。

假設有人去百貨公司買衣服。

走進某間服飾店挑選一番，最後留下三套候補的衣服。

就在他打算選擇其中一套時，腦中突然閃過這樣的念頭。

「說不定還有其他更好的選擇？」

於是，他離開這間店，打算尋找「更棒的衣服」，但過了好久還是無法下決定。

假設某個女性同時受到三位男士求婚。

第一位候選人的個性忠厚老實，下班準時回家，但資質平凡，個性無趣。

第二位候選人沒有固定工作，整天遊手好閒，但懷抱遠大的夢想，和他在一起，總是很開心。

第三位候選人是工作狂，雖然經濟能力很好，但總是晚歸，生活沒有交集。

這位女性很煩惱，不知道這三個人，誰才是能讓自己得到幸福的真命天子，因為找不到「對，就是他」的關鍵性原因，所以無法決定選擇哪位男士（這三個人都沒有耐心繼續等下去）。

一定要有把握才下定決心，這種人只會自尋煩惱，沒有任何實際作為。最後往往落得一場空，什麼都得不到。

▲滿足「目前現有」

怎麼才能勇敢做決定？

請要有這樣的認知「世界上沒有最完美這件事」。

以前面挑選衣服為例，完美的服裝，會依照天氣、場合、整體造型搭配而有所不同。

受到當下想法的影響。最完美的選擇會依照當時的考量而不同。

就算買到最完美的衣服，說不定明天會推出更好看的款式，如果去另一間店家找找，說不定會找到更漂亮的衣服。

但根本不可能有人會為了區區一件衣服，企圖掌握所有的因素。

懂得滿足「目前現有的要求」最重要。

以前面被三位男性求婚的女性為例，三位候選人，和這位女性應該都有適合和不適合的地方。所以這位女性在考慮時，要以未來想擁有什麼樣的人生為前提，評估自己最重視的部分，忍耐和妥協的部分，是否能取得平衡，如此最佳人選就能出爐。

如果抱持著「說不定還有更好的對象？」這種心態，永遠都做不了決定。

律師的工作也一樣，能把問題處理變成「最理想狀態」，這個機會可是微乎其微。

我常常遇見家族爭奪遺產的情況，很多繼承人都會放話「土地我要定了」、「現金給我」、「股票歸我」等。

以繼承遺產而言，對每個繼承人來說，最理想的狀態是除了自己，其他繼承人都放棄繼承的權利，讓自己獨得所有財產。

不過，這種事發生的機率微乎極微。

為了解決紛爭，每位當事者都要做出某種程度的妥協，不斷進行協議。

如果有人質疑「我不確定這樣的選擇是不是最好，所以沒辦法下決定」，那麼遺產繼承問題很可能一拖就是五年、十年，演變成委託人都老了，還沒拿到父母遺產的鬧劇。天底下應該很難再找到比這個更離譜的事。

▲阿甘的行事原則

被譽為「經營之神」，已故的日本松下電器產業（現在的 Panasonic）創辦人——松下幸之助曾說「有六成的可能性，就做決定，剩下就是勇氣和執行力。」

不需要百分之百的把握，就可以迅速決定並付諸行動。

話雖如此，有些人還是缺乏信心，不確定這個決定是否對自己有利。他們也不確定現在做的事情，對未來的成功是不是有幫助。

現在我要介紹電影《阿甘正傳》的故事。

主角阿甘生來就不太聰明，一遇到問題，也想不出辦法解決。過得相當坎坷曲折。

上了高中，阿甘淪為霸凌的對象，甚至被壞同學開車追趕。大學畢業，阿甘入伍，參加美國海軍，並隨軍出征越南。參加越戰時，阿甘隸屬丹中尉指揮小隊。遇襲時，阿甘雖然受傷，還是救出了丹中尉。

阿甘在軍醫院療養期間，接觸並開啟了他的桌球天分。

他成為美國桌球國手，一躍而成「桌球外交」的主角，甚至還參加世界大賽。

阿甘為了實現和戰友之間的約定，用桌球贏得的獎金開了公司，從事捕蝦事業。有次遇到暴風來襲，其他捕蝦船都無法回來，只有阿甘的捕蝦船滿載而歸，而一夕致富。

阿甘總是靠著當下的念頭或旁人的指引行動，從來沒有失誤過，而且都獲得成功。

不論做哪一件事，他都不曾有過「對我最有利的選擇是什麼？」的念頭

他一心專注眼前的事情，往前邁進。

阿甘在電影裡，曾說過一段話。

「人生有如一盒巧克力，你無法預期會吃到什麼口味。」

沒錯！正確答案是什麼，永遠沒有人知道。唯一能做的，就是勇敢做決定，往目標邁進。

▲相信自己，勇往直前

或許你會說「電影都是虛構的，沒有參考價值。」因此我再介紹一個案例。

已故的史蒂夫・賈伯斯，是美國蘋果電腦的創辦人。他在二〇〇五年曾受

邀到史丹佛大學的畢業典禮演講。

賈伯斯只讀過半年大學就休學，後來到大學旁聽自己喜歡的科目。

他最感興趣的課程是——西洋書法（Calligraphy）。

當時他從這門課學到的優美文字，雖然沒有馬上派上用場，但在開發麥金塔作業系統的時候，從中得到很多啟發。

賈伯斯最後以這段話結束史丹佛大學的演講。

「你必需相信，生命中的點點滴滴，有一天終於都會連在一起，你必需要有信心，無論是你的直覺、命運、生命或業力，相信這些事物總有一天會連在一起，可以帶給你信心，朝理想邁進。」

如果這段話讓你產生共鳴，以後做決定時，請相信自己，勇往直前。

以上是本章針對無法做決定的特性，還有如何應對的方法，所做的說明。

但即使我們在正確的時機做決定，還是可能會做出錯誤的決定。

原因，我在下一章詳細說明。

第三章　為什麼會做出錯誤的決定？

1 埋沒成本的陷阱

▲「捨不得」讓人無法下定決心

本章要說明的是判斷錯誤的八大陷阱。

首先說明第一個陷阱。

各位知道什麼是「埋沒成本」（Sunk Cost）嗎？

埋沒成本，就是已經投入，回收無望的成本。

當成本累積到可觀的金額，投資者會面臨這樣的抉擇：繼續投資，或是就此罷手？

某間公司為了開發新產品，投入一億元的資金研發。沒想到，這項研發專案進行得並不順利，前景相當不樂觀，專案即使繼續進行，距離成功研發仍有很遙遠的路。

面對這種情況，如果你是這間公司的老闆，你會決定讓專案繼續進行，還是全面撤退？

專案如果持續進行，或許會有成功的一天。但是，也可能會以失敗告終，造成更大虧損的風險。

讓人無法放棄的原因只有一個，就是前面投入的成本。如果被人問「一億元的資金研發，就這樣付諸流水嗎？」相信各位都會左右為難。

因為有埋沒成本的存在，造成我們無法輕易下定決心。

這就是「埋沒成本」的陷阱。

▲戀愛的埋沒成本

提到「埋沒成本」，或許你會想到的都是錢，其實並不僅限於金錢。

例如，有位女性正在煩惱，該不該和現任男友繼續交往。

她的男友屬於一點小事就發火的個性，容易感情用事。

兩人交往七年。如果繼續交往下去，男友個性不可能說改就改。

她想要做出明確的選擇，決定兩人要繼續交往，還是分手。想要釐清這段感情，必需解決埋沒成本的問題。

七年的歲月，冷靜想想，為自己的幸福著想，分手絕對是明智之舉，周圍的親朋好友都勸離不勸和。但是，兩人一旦真的分道揚鑣，七年的青春歲月等於付諸流水。

已經付出的，不可能收回來。因為捨不得這段無法回收的歲月，所以無法分手，繼續藕斷絲連。這種情況就是戀愛「埋沒成本的陷阱」。

這種「捨不得」的心態，在我們下決定時，會發揮很強的影響力。

那麼，該如何避免掉入這樣的陷阱呢？

▲走出埋沒成本的迷思

為了避免對埋沒成本「捨不得」的心態，有兩項原則很重要。

第一是及早發現「埋沒成本」的存在。

以剛才第一個研發的例子來說，你已經確定「成功研發新產品很困難」，自那刻起，就要有認知「一億元沒有回收的指望，因為已經是『埋沒成本』。」

第二是把思考的重心從「過去」轉移到「未來」，就是把「捨不得」的心態，調整成展望未來的思考模式。

一億元雖然是龐大的金額，既然回收無望已成為事實，一億元就等於泡湯。

所以，下定決心的時候，不要被這一億元影響。你要考慮的是，為了提高公司利潤，這個專案到底要繼續還是喊停，不是一億元能否回收的問題。

感情也一樣。「交往七年」是事實，不確定繼續交往，未來會不會得到幸福，這個情況就該放棄過去的埋沒成本，毅然與對方分手。

▲松下幸之助的判斷

前面提過松下電器產業的創辦人——已故的松下幸之助，曾有過這樣的逸聞。

松下通信工業，在日本昭和三十年代後期，曾經進行事務用的大型電子計算機開發，整個研究耗費五年，投入數十億日圓，最後發展試作的一號機、二號機都即將達到實用化水準的階段。

到了這個階段，松下幸之助的想法卻出現轉變。他認為，當時日本一流的廠商競相投入電子計算機的開發，若長期持續這種激烈競爭，反而會降低公司的獲利。既然如此，應該立刻撤出。繼續電子計算機事業，或者就此收手，把重心移轉到其他事業，他選擇了後者。

他能割捨這數十億日圓的埋沒成本，果斷做出「撤退」的決定，讓公司免於巨額的損失。正因為他能不被投入的費用（時間）所影響，將注意力轉移到未來能獲利更多的事業，才有辦法進行理想的決定。

透過這個例子，相信各位都能了解，如果要做的決定事關埋沒成本，就要放下過去，迎向未來。

＊重要的不是過去，而是未來。

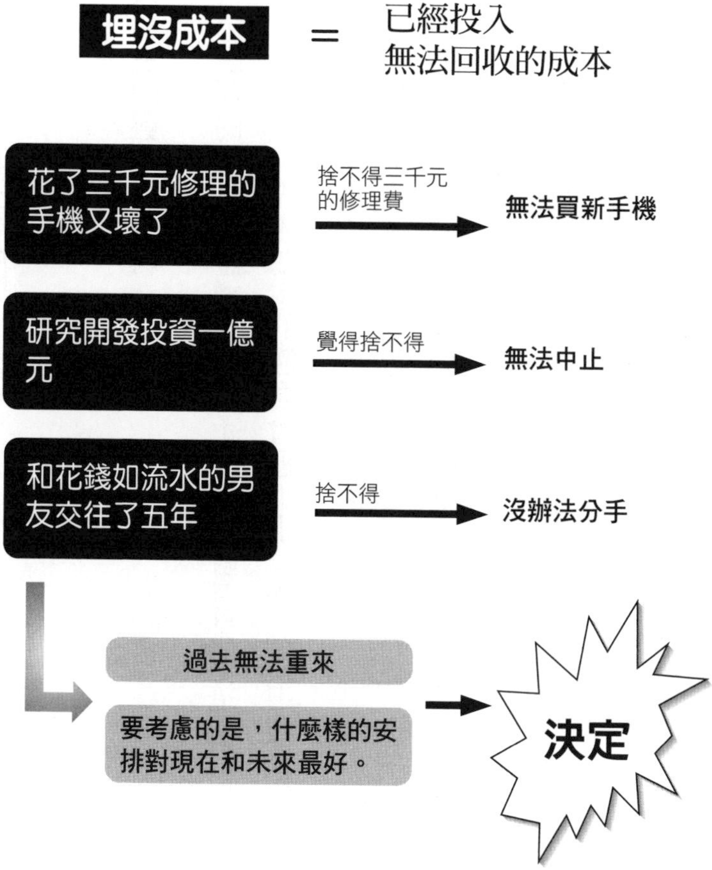
埋沒成本
=
已經投入
無法回收的成本
花了三千元修理的手機又壞了
捨不得三千元的修理費
無法買新手機
研究開發投資一億元
覺得捨不得
無法中止
和花錢如流水的男友交往了五年
捨不得
沒辦法分手
過去無法重來
要考慮的是，什麼樣的安排對現在和未來最好。
決定

2 只相信自己的陷阱

▲被自己先入為主的觀念所束縛

只看自己認同的意見和證據，排除矛盾和反對意見，這種行事風格是很多人的通病。傾向愈強，先入為主的觀念會愈加根深蒂固，導致決定出現錯誤。這就是「只相信自己的陷阱」。

假設有個女性正陷入愛河，對象是個品行不良的人。周圍的親友都不斷苦勸「趕快和那種人分手」、「和他交往對你沒有好處」，她還是充耳不聞。類似的情形，相信各位身邊都有。

有句話說「戀愛是盲目的」。這位女性堅信與這位男友交往，就會得到幸福，所以將所有的反對聲浪拋在腦後。

結果，她變得愈來愈偏執，只看男友好的一面，缺點通通視而不見。

隨著時間過去，她逐漸冷靜下來，開始觀察男友的缺點，甚至還開口問他「你好像變得和以前不一樣了？」

類似只相信自己的情況，也會出現在商場，有些年長或資深的員工，會以自己成功的經驗為依據：「以前用這個方法從未失靈，所以比照辦理就對了」，對某些方法特別執著。

聽到有人說其他更輕鬆的方法，他們便斬釘截鐵地表示不可能，容不下與自己意見不同的人。

這就是「只相信自己的陷阱」。

▲如何戰勝「只相信自己的陷阱」？

律師每天都和「只相信自己的陷阱」交戰。

律師在處理案件時，如果只聽信委託人的片面之詞，總有一天會栽個大跟頭。例如，容易相信委託人講的全都是事實，只從單一觀點收集證據等等。

我就曾因為「只相信自己的陷阱」而受到慘痛的教訓。

某次讓渡某件不動產的官司，由於我聽信委託人的說詞，向被告提起訴訟。我看到讓渡的文件上有對方的簽名和捺印，所以認定打贏這場官司應該很容易。

但被告卻主張自己不記得曾讓渡這件不動產。到了訴訟的後半場，我仔細檢查證據，才發現有些文件上的簽名和被告的字跡明顯不同。我嚇得臉色發白，問了委託人才知道，原來那份簽名是被告拜託我的委託人代簽，不是被告親筆簽的。

如果我沒有發現，還是繼續主張文件是被告簽名，到時候，我們這邊的主張一定會被駁回。雖然我事前已看過所有的證據，但由於我相信委託人的片面之詞，忽略了關鍵。

有時委託人會專挑對自己有利的話講，對自己不利的則避而不談。

當事者雙方會演變到對簿公堂，是兩人對事情的看法出現分歧，同樣一份證據，從另一位當事者的角度出發，會有截然不同的解釋，事實會因此展現不一樣的面貌。可見，只聽委託人單方面的說詞，對其他的證詞置之不理，就無法得到真相。

律師除了聆聽委託人的說詞，站在他的立場，替他檢視所有證據，必須以被告的立場出發，審視證據是否還有其他解讀方式。透過這樣的作業，才能排除「只相信自己的陷阱」。

律師必須以非雙方當事者的第三者，即法官的角度，預想證據會被賦予何種意義。只有如此，才能將「只相信自己的陷阱」完全排除，讓事件朝自己有利的方向發展。

▲置身事外

為了避免誤踩「只相信自己的陷阱」，各位可以借用上述的律師方法。注意兩大點。

第一個是，意識到自己可能會中了「只相信自己的陷阱」。第二個是，站在對方還有第三者的立場，重新看待整件事。

以前面「被愛沖昏頭」的女性為例，重新思考。

雖然有朋友告訴她「和他交往對你沒有好處」。媽媽也拼命苦勸「趕快和那種人分手」，但當她身陷「只相信自己的陷阱」，會出現「他們都嫉妒我」、「故意要惹我不開心」等想法。

這時候，冷靜下來，站在朋友或父母的立場，將心比心，設想他們有什麼樣的感受。

在工作上，如果你對自己的做法有十足的把握，聽到有人提出新方法時，會出言反駁。

請提醒自己，這時可能快掉進「只相信自己的陷阱」。最保險的做法是暫時拋開自己的立場，發揮想像力，想想自己的工作，在立場不同的人眼中，呈現何種樣貌。

對自己的想法愈有信心，就愈不願意去執行他人的想法，但是如果能從其他角度看事情，可以使你大大降低判斷錯誤的可能。

＊你的想法或許正確，但不是完全沒有錯誤。

只相信自己的陷阱 ＝ 只接受贊成和肯定的意見，排除反對的聲音。

只要認定自己是對的，就會無法做出正確的決定

當自己的意見可能是錯的

站在對方、第三者的立場，重新看事情

決定

3 稀有價值的陷阱

▲愈難入手的東西愈想要

一聽到「限量」、「已經買不到了」，就會愈想得到，這是我們的特性之一。心理作祟，造成判斷偏差的情況稱為「稀有價值的陷阱」。

利用「稀有價值的陷阱」來刺激顧客的購買慾望，是很多賣場慣用的銷售方式。

舉例來說，寫著「只剩最後一件！」這樣的廣告詞，就會吸引許多寧可買錯也不願錯過的顧客掏錢買單。

如果廣告詞改成「促銷價五千元。僅限今天！」會吸引不少以為明天就搶不到便宜的顧客消費。

我自己曾因為「稀有價值的陷阱」，做過錯誤的決定。

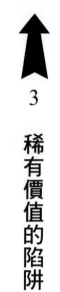

那次為了搬家，要找合適的租賃大樓。雖然我有找到滿意的房子，但心裡想著，說不定會找到條件更好的房子。所以我告訴房屋仲介：「我今天先回去，如果有更好的房子，請通知我。」

房屋仲介和我說：

「沒問題，不過這間房子非常搶手，如果您今天不下訂，明天可能就租出去了。」

聽他這麼說，我突然很不安。

我擔心：「今天不下訂，說不定明天就被別人捷足先登，到時候，我只好再找其他房子，可能再找不到比這間更好的房子。」

想到這裡，我不敢馬上離開，左思右想一番，還是下訂。

其實，在這時間點，並沒有發生讓我足以立刻下判斷的事。

冷靜想想，原本的租約又不是馬上到期，根本沒必要急著下決定。更何況，我相信仔細找，一定能找到很多條件相同、甚至條件更好的房子。只不過我上了「稀有價值的陷阱」的當，才會馬上下訂。

從這個例子，可以發現，一旦陷入「稀有價值的陷阱」，再冷靜的人也會失去判斷力，結果造成判斷錯誤。

像速食業龍頭麥當勞，在行銷方面就很會運用「稀有價值的陷阱」。麥當勞常推出「《期間限定》××漢堡」的促銷活動。由於「××漢堡」只有在特定期間才吃得到，會吸引以為不買就吃不到的人前往消費。

▲沒有這樣東西，人生會因此改變嗎？

有沒有方法可以讓我們不陷入「稀有價值的陷阱」，以免做出錯誤的決定？

「稀有價值的陷阱」的附帶條件是「數量少」「逾時不候」，會讓人產生不馬上行動，永遠錯過的心態。

下次面臨買與不買的抉擇，如果你可以事先知道這是「稀有價值的陷阱」，就可以不受牽制，就算買不到也無傷大雅。

請想一想。

沒有趕在特定時間內或斷貨前買到想要的東西，會對你產生很大的影響嗎？

有些人會反駁「雖然不到左右人生的地步，但是買不到想要的東西，心裡就是不痛快啊！」

其實我們所做的決定不一定正確。

為了重新檢討這一點，請在做決定前，捫心自問：「沒有這樣東西，人生會因此改變嗎？」

以前面我租房子的例子，在下訂之前，先問自己：「這間房子對你真的有這麼重要嗎？如果不馬上簽約，你的人生會改變嗎？」我想我的答案一定是「NO」。

▲檢討替代方案

為避免做錯決定，有效的方法是，尋找替代的方案。

想一想：「如果沒租到這間房子，有沒有其他備案？」

以我的例子來說，原有的房子租約離到期時間還很早，所以最方便的備案就是在原來的房子再租一段時間。

我完全沒有急著做決定的必要。

想必有些人一碰到「稀有價值的陷阱」就沒轍。

請利用本章介紹的方式，趕快從陷阱中脫身。

＊東西愈稀少，不必要的可能性愈高。

稀有價值的陷阱 ＝ 被「限量」、「很難買」等關鍵字沖昏頭，無法冷靜判斷，湧出「非買不可」的慾望。

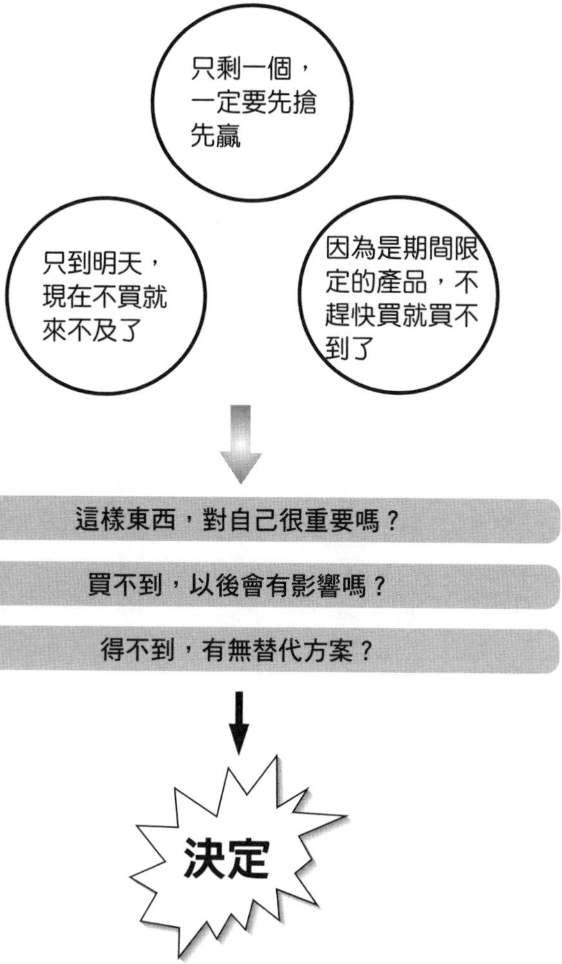
只剩一個，
一定要先搶
先贏
只到明天，
現在不買就
來不及了
因為是期間限
定的產品，不
趕快買就買不
到了
這樣東西，對自己很重要嗎？
買不到，以後會有影響嗎？
得不到，有無替代方案？
決定

4 人云亦云的陷阱

▲自信心不足容易讓決定搖擺不定

請看八十五頁圖上方的①～③，哪條線和A的長度一樣長？

答案是①。

你是不是覺得②才是標準答案？

真的是這樣嗎？是不是眼睛的錯覺？

你的信心動搖了嗎？這代表你已經陷入「人云亦云的陷阱」。

很多人都會受別人影響，而改變自己的意見和行動，心理作祟造成決定動搖的情形，就是「人云亦云的陷阱」。

其實，正確答案是②。但看到我說「正確答案是①」的時候，你是不是動搖了呢？

和A長度一樣長的線是哪一條？

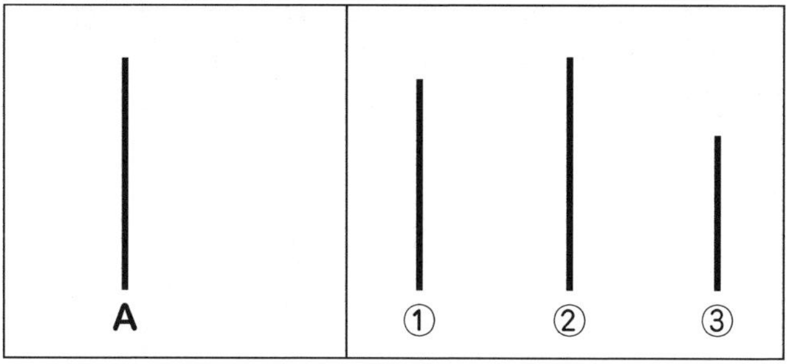

社會心理學者所羅門・亞許曾針對失去自信時的心理狀態，進行實驗。

先設定一位真正的受試者，再請多位人員假裝為受試者的「串通者」。

所有的受試者，除了自己，都不知道其他人是串通者。所有受試人員都一樣，依序回答（受試者最後一個回答）「和A長度一樣長的線是哪一條？」這個問題。

第一位受試者（串通者）回答，和A長度一樣長的線是①。雖然一看就知道這是在睜眼說瞎話，但串通者卻表現得泰然自若。

接下來，每一位串通者都表示答案是①。

輪到最後回答的真正受試者，他的答案是什

麼呢？

真正的受試者心裡覺得②才對，但他還是回答①。

雖然懷疑別人回答的不是正確答案，但是眾人信心滿滿的模樣，動搖了原本自信的受試者，最後尾隨別人的判斷。

律師也會在法庭中運用「人云亦云的陷阱」。

例如，提起訴訟或交涉，律師大多會引用與自己主張相同判例的結論，主張「這個判例是同樣的結論，由此可見，我方的主張是正確的」。多數的法官基於必須和之前的判例保持「同調」的理由，容易認同律師的主張。

▲使命宣言

「人云亦云的陷阱」，會讓自己的想法被別人的言行舉止牽著走，在自己做決定的時候，會發揮很大的影響力。你該怎麼做才能從這個陷阱全身而退？

答案是確立決定的「主軸」，不可輕易被動搖。

牢牢抓緊你的主軸，不管別人說什麼，做決定時都不要受到影響。

不管在任何情況下，都能貫徹自己的主張，攸關的不僅是判斷，還包括你對人生的態度。

這條主軸，該用什麼方式才能建立？

在此我要向各位介紹一個「使命宣言」（Mission Statement）概念。

使命宣言，就是自己的核心價值、想做的事情、期許、希望何種價值觀等，將它書面化。等於是你人生的「憲法」。

使命宣言源起於企業界，又稱為企業宗旨，相當於「讓企業和從業人員隨時銘記在心的行動規範」。

全球知名的飯店集團「四季酒店」，規定員工要隨身攜帶服務的基本精神「信條卡」（Credo Card）。若員工不知該如何行事，就依循信條卡的內容採取行動。絕對性的決定標準，是使命宣言的概念之一。

擁有使命宣言，想法不會輕易動搖。在你猶豫該不該做決定時，根據使命宣言，就可以下判斷。

舉例來說，假設有人抱持以下的使命宣言。

「我希望臨終的時候，全家人都陪在我身邊，聽他們對我說『謝謝你這輩子這麼愛我們』。所以，我要用嚴格的標準自我要求，給別人滿滿的愛。尤其是我的家人，就算犧牲自己也在所不惜。」

假設這個人的小孩有一天向他要求：「星期天帶我去遊樂園玩。」他覺得帶小孩去遊樂園玩是件麻煩又累人的事，想改天再說。

但是對照他的使命宣言，他該怎麼做呢？

如果忽略家人的需求，等到自己臨終，就聽不到孩子們的說：「謝謝你這輩子這麼愛我們。」

想到這點，他應該會把「家人的幸福」擺在第一位。

請依樣建立自己的使命宣言，不論做什麼決定，都不會動搖。如此就不容易陷入「人云亦云的陷阱」。

＊建立自己的使命宣言，不輕易受到他人的意見影響。

人云亦云的陷阱 ＝ 被他人的意見影響，覺得和大家一樣的決定比較安全，動搖原本的決定。

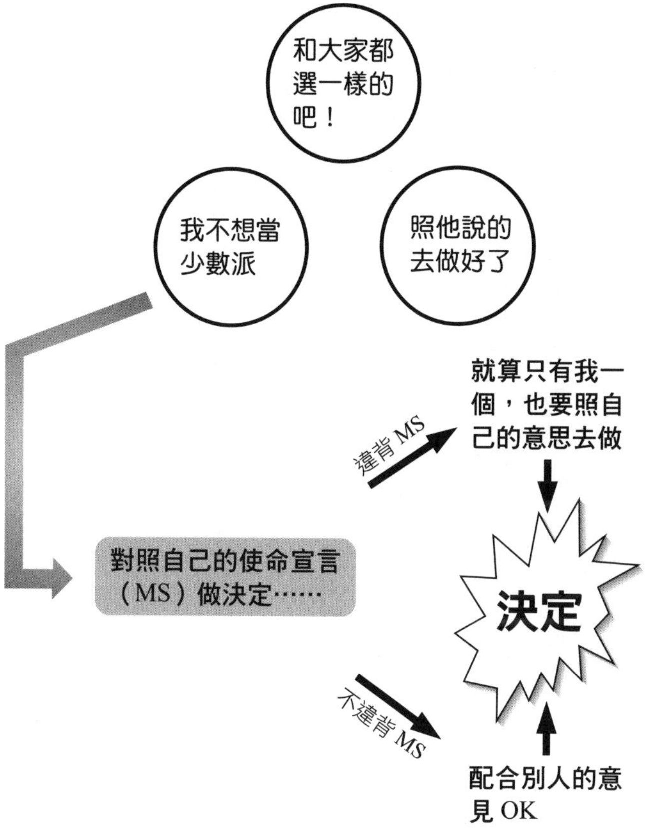

5 禮尚往來的陷阱

▲隱藏在人情背後的意義

接受別人的好意，就會想要回報這份人情。這樣的心理作祟，導致決定搖擺不定，稱為「禮尚往來的陷阱」。

我相信不少人都有過這樣的經驗。在超市試吃，被店員詢問「要不要帶一份回去？」心裡會不好意思，覺得不該白吃人家的東西，所以就掏錢買下，這是一種「禮尚往來的陷阱」。

商場的應酬就屬此類。受到廠商招待，一般人會想著如何回報對方，所以會和對方續約，下更大的訂單。對方正是看準這一點，對你熱情款待。

遇到這種情形，不能把要不要和對方交易，和是否受到對方招待混為一談。當你在做決定的時候，要考慮的是交易有沒有利潤。

受招待的一方會出現「還人情」的心理負擔，造成決定出現偏差。

「禮尚往來的陷阱」在戀愛的狀況中最為常見。男性若是一再請女性吃飯、送禮物，女性就很難拒絕，導致做出錯誤的決定，所託非人，和不適合的男性在一起。

▲快速擺脫「禮尚往來」的緊箍咒

然而，想要擺脫「禮尚往來的陷阱」並不容易。「人家對我好，我要對他更好」是一般人普遍的心理。

該怎麼擺脫呢？金錢或物品的餽贈，和心理上的關照，都受惠於對方，「禮尚往來」的心態就會產生。這時，我們可以改用其他形式做出回報。例如，接受業務招待，就做東續攤，或在應酬時，奉上與生意往來無關的回禮。女性接受男性的禮物，或享用大餐之後，下次見面前給對方一些回饋贈禮，雙方就等於「扯平了」。

給對方的回禮，不必拘泥要有同等價值。追根究柢，應酬本來就是把「用餐」和「做生意」這兩碼子事結合在一起的行為，所以選擇不同性質的東西當作「回禮」，沒有失禮的問題。

如果對方的企圖心非常明顯，你可以打開天窗說亮話：「我可以把這次的飯局，和是否成交，當作兩件不同的事嗎？」

大部分的情形，對方應該都會答應。有了這句話當保證，就能放心把應酬和交易的關係撇得一乾二淨，不必擔心被「禮尚往來的陷阱」所限制。倘若有人膽子夠大，回答你：「希望下次簽約時您能多多關照。」你該如何回應？

你可以表現出寧願交易破局的態度，鄭重向對方表示：「很抱歉，本公司在評估成交時，不會把招待納入考量。」

此話一出，這場飯局頓時失去作用，如果對方的反應是「要不要續約，完全依照貴公司的判斷即可。」你就完全不必擔心吃人嘴軟的問題。

*不論得到什麼好處，隔天一定要回禮。

禮尚往來的陷阱 ＝ 接受別人的好意或餽贈，產生「必須還人情」的心理負擔。

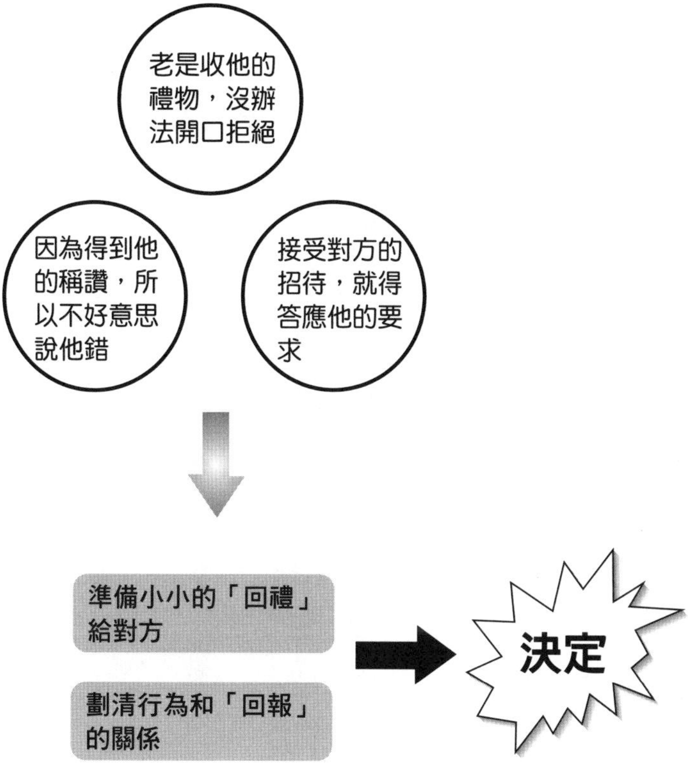
老是收他的禮物，沒辦法開口拒絕
因為得到他的稱讚，所以不好意思說他錯
接受對方的招待，就得答應他的要求
準備小小的「回禮」給對方
劃清行為和「回報」的關係
決定

6 一致性的陷阱

表明立場，就無法更改？

表明立場之後，很容易畫地自限，為了避免自我矛盾而做出錯誤決定，我們要來探討「一致性的陷阱」。

假設有一間連鎖餐飲集團，正討論新門市要開在甲地還是乙地。會議才開始，上司第一個問你：「你覺得甲和乙哪一個地點比較好？」你的回答是「甲比較好」。

接下來的討論中，大多數的人都選擇乙。聽到別人的理由，你雖然覺得乙地好像比較好，但因為剛才已經先選甲，只好硬著頭皮支持甲到底。

如果突然改變心意說甲比較好，恐怕會招來負評：「怎麼說話前後不一致。」「你還沒想清楚就隨便說說吧！」為了避免被其他人質疑，才不得已堅持原來的看法。

▲你可以改變立場

覺得乙地比較理想，請你爽快的改口支持乙地。但這時往往有人會覺得難以啟齒，好像違反本意做決定的感覺，陷入「一致性的陷阱」。

怎麼做才能避免「一致性的陷阱」呢？

方法不難。說服自己「態度前後矛盾也沒關係」、「意見換來換去也無所謂」。過了自己這一關，就不會傷害自尊心。

建議各位按照下列的方式進行。

告訴自己：「前面的意見沒錯，那是從當時的資訊，得到的最佳結論。」

接著要確認：「聽了別人的討論，知道了新的事實。」

最後讓自己釋懷：「現在乙地是更好的選擇。這個想法和我剛才判斷是甲地的想法不衝突。因為現在的判斷多了之前沒有的新資訊。」

這樣一來，自我矛盾的問題就不再困擾你。你可以用這個方式向別人說明。

透過以上的方式，各位應該都可以避免「一致性的陷阱」，做出適當的判斷。

＊明知是錯的，請不要為了面子堅持立場。

一致性的陷阱 ＝ 一旦表明自己的立場，就只能表現得「不自相矛盾」，導致無法按照真正的心意下決定。

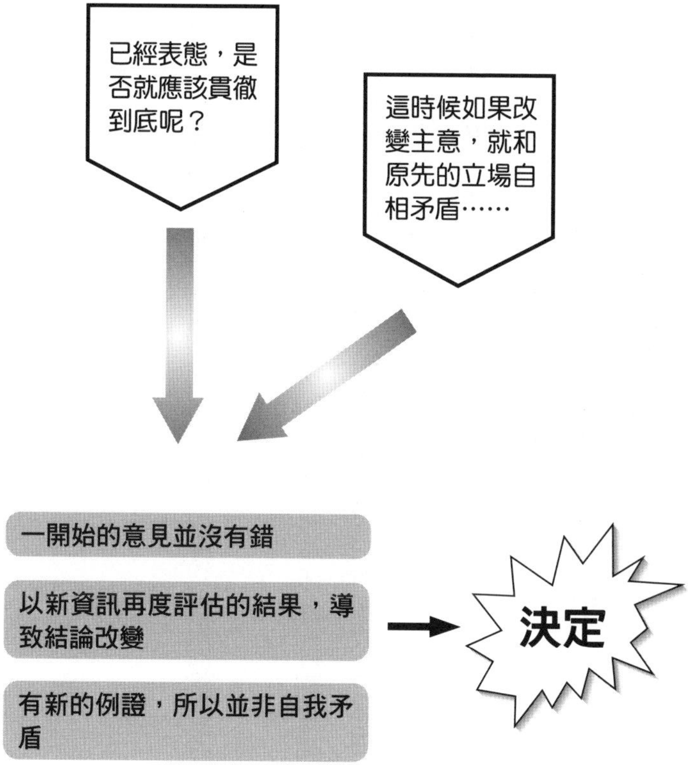
已經表態，是否就應該貫徹到底呢？
這時候如果改變主意，就和原先的立場自相矛盾……
一開始的意見並沒有錯
以新資訊再度評估的結果，導致結論改變
有新的例證，所以並非自我矛盾
決定

7 框架的陷阱

▲別被框架的障眼法欺騙

遇到二選一的情況，人們可能會被問題所混淆，導致做出錯誤的決定。這就是「框架的陷阱」。

為各位介紹一個由美國心理學者阿摩司・特沃斯基所進行的實驗。

他向醫生、醫學院學生、患者說明有關癌症治療手術和放射線治療的相關統計數據，問他們希望接受哪一種治療。

他將受試驗者分為兩組，讓分別告知「生存率」和「死亡率」兩種不同的統計數據。

他向其中一半的受試者說明，接受手術的患者在術中、術後的「生存率」，分別是九十％和三十四％，接受放射線治療的生存率是一百％，治療五年的生存率是二十二％。

他向另外一半的受試者說明，手術的術中、術後的「死亡率」，分別是十%和六十六%，放射線治療的死亡率為〇%，治療五年的死亡率是七十八%。

接受生存率統計資料的受試者，回答希望接受放射線治療的比例僅有二十五%，接受死亡率統計資料的受試者，比例卻高達四十二%。

其實阿摩司向他們說明的是同樣的事實，只是生存率和死亡率的表現方式不同。

就算是醫生，也會做出和一般人相同的決定。這代表經驗豐富的醫生，也會被框架的障眼法所蒙蔽。從上述例子，可以了解，做決定的時候，千萬不要被問問題的方式誤導。

就像人們對於在三十歲煩惱要不要換工作，會有不同的想法，例如，「我已經工作八年，年紀也不小，不能隨便下決定。」或「我還可以再工作四十年，就算失敗還有機會重來，不必擔心時間會白費。」不同的想法，兩者會造成判斷的差異。

律師遇到第一審敗訴的時候，如果以不同的方式告知委託人：「即使上訴，維持原判的機率高達七成，所以很難推翻」，或者「推翻原案的機率高達三成，希望很大。」兩者會造成委託人完全不同的反應。

▲從另一個角度看框架

做決定的時候，可以從反方向設定截然不同的框架，讓自己以同等、客觀的立場檢視所有框架。

以前面放射線治療的例子來說，聽到「生存率是一百%和二十二%」，應該換個角度思考「死亡率是〇%和七十八%」，從另一個角度來思考。

當律師告知上訴推翻原判機率時，如果聽到律師說：「上訴逆轉原判的機率是三成」，心裡馬上要反應，這也代表「維持原判的機率是七成」。這樣你就不會被對方刻意選擇有利的說法所迷惑，而能做出正確決定。

＊你所看到的事實，在別人眼中，可能是截然不同的面貌。

框架的陷阱 ＝ 面對二選一的問題，問題的呈現方式，會影響決定的正確性。

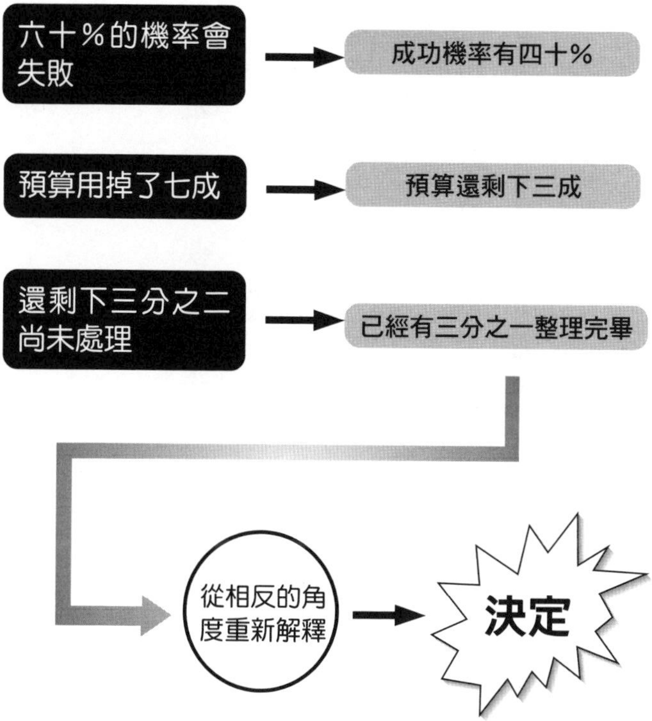
六十％的機率會失敗
成功機率有四十％
預算用掉了七成
預算還剩下三成
還剩下三分之二尚未處理
已經有三分之一整理完畢
從相反的角度重新解釋
決定

8 誘導詢問的陷阱（強迫二選一的陷阱）

▲危險的誘導詢問

律師在法庭上，為了取得證言，要「詢問證人」。

詢問證人的過程中，每一位律師為了使證人說出對己方有利的證詞，都要使出渾身解數，運用各種詢問技巧，有些技巧效果過強，產生扭曲事實的情形，所以在法律上禁止使用。

其中之一就是「誘導詢問」。

誘導詢問，就是在提問時插入會誘導答案事實或價值觀的詢問方式。舉例來說，為了想知道某一項商品是否暢銷，律師如果對證人詢問「你知道這項商品為什麼大受歡迎嗎？」就是誘導詢問。

律師這樣問的目的，在於讓證人回答「知道或不知道」。

如果證人的回答是「知道」，表示證人同意「你不但知道這項產品很暢銷，也清楚理由何在」。如果回答「不知道」，表示證人「雖然知道這項產品暢銷，但不清楚理由是什麼」。總之，不論證人回答知道或不知道，律師都可以取得「這項產品很受歡迎」的結論。在法庭進行誘導詢問，對方的辯護律師一定會提出抗議，提問會被駁回。

▲不動產業者的誘導詢問

我在念大學時，打算搬家，找房屋仲介業者幫我找房子。對方幫我找了兩間房子，帶我去看。

但是，這兩間房子我都不滿意，所以想再看其他房子。但是，在回辦公室的路上，他問我一個問題。

「今天看的兩間房子，你喜歡哪一間？」

那時我剛好在想其他事情，所以馬上不加思索的回答：「我覺得後面看的那間比較好。」

房屋仲介又問：「你覺得那間房子有什麼優點？」

我向仲介說明我覺得不錯的理由，沒想到，說著說著，我開始覺得那間房子還不錯。

仲介繼續問我：「你要直接和我回公司填一些審查文件嗎？還是先付訂金？」我覺得麻煩，決定先填審查的文件就好。

最後，我租的房子離我上的大學非常遠。

因為我被房屋仲介業者的誘導詢問牽著鼻子走，做出錯誤的決定。

「今天看的兩間房子，你喜歡哪一間？」就是標準的誘導詢問。

我還想看看其他的房子，所以「喜歡哪一間」對我並不成立，但是我還是在「你喜歡哪一間房子」的錯誤前提之下，從兩間房子中選擇了一間。

我當時應該語帶保留，不然就乾脆回答兩間都不滿意。

但我沒有當場回絕「你要直接和我回公司填個審查文件嗎？還是先付訂金？」所以就在順水推舟的情況下簽約。

上述的例子，很多人在二選一的誘導詢問中，做出違背本意的決定。這就是「誘導詢問的陷阱」（強迫二選一的陷阱）。

▲掉入誘導詢問陷阱的原因

誘導詢問所具備的魔力，關鍵在於採用「發問」的型式。

請問你昨天晚餐吃了什麼？

聽到這個問題，相信大家都會努力回想有關昨天晚餐的記憶。

聽到問題，一般人會把意識集中，想要回答，這是我們的習性之一。以前一節租房的例子，明明我腦子想的是別的事情，但是聽到有人問我「今天看的兩間房子，你喜歡哪一間？」還是不加思索的回答。

類似這樣的誘導詢問，在日常生活的運用很廣泛。

例如，你在百貨公司試穿衣服，沒有覺得非買不可，卻被店員問：「兩個顏色都很適合您，請問您要藍色還是紅色？」

這就是誘導詢問。

這個問題隱藏著「你要買哪一件」的陷阱。

▲「第三種方案」

為了避免陷入「誘導詢問的陷阱」，該怎麼做才好？

律師已經養成隨時監督談話者有沒有進行誘導詢問的習慣，不容易掉入誘導詢問的陷阱。

請各學習律師自我訓練的習慣。

遇到二選一的問題，請想一想，還有沒有「第三種方案」。

二選一的思考模式已經過於氾濫，但生活中許多情況並不適合使用二選一的方式來做決定。

所以，如果有人問你：「這兩間房子，你喜歡哪一間？」你應該回答：「兩間都不喜歡。我還想看其他房子。」店員問你：「你喜歡藍色還是紅色？」你可以反問：「還有其他顏色嗎？」

學會「第三種方案」，就可以從二選一的思考模式跳脫出來。

誘導詢問的陷阱（二選一的陷阱） ＝ 發問者將答案限定為二選一，造成無法做出正確的決定。

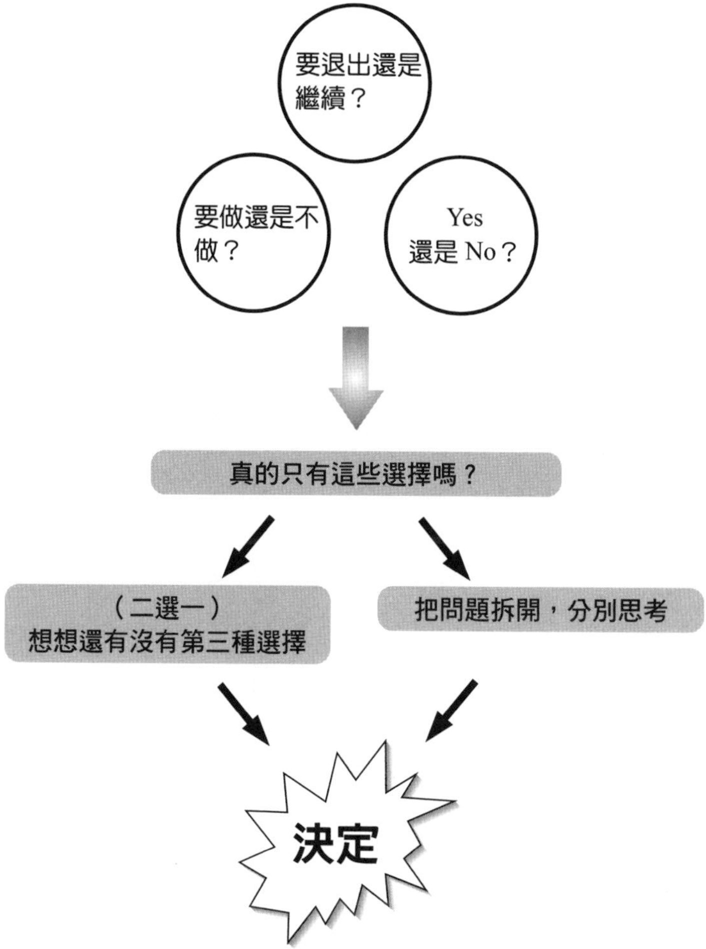
要退出還是繼續？
要做還是不做？
Yes 還是 No？
真的只有這些選擇嗎？
（二選一）
想想還有沒有第三種選擇
把問題拆開，分別思考
決定

▲把問題一分為二

另一種解決辦法是，如果你發現可以把問題分成兩個段落，請把問題一分為二，分別加以思考。

前述法庭的例子，面對「你知道這項商品為什麼大受歡迎嗎？」這個詢問，可以把問題拆成「這項商品很暢銷嗎？」和「暢銷的理由是什麼？」這兩部分。

依序回答「第一，我知道這項產品很暢銷，但是理由我不清楚。」

如果產品其實買氣不旺，可以老實回答第一個問題，這樣就不會掉入提問者的陷阱，以「大受歡迎」的前提回答問題。

二選一的時候，想想有無第三種答案，試著把問題拆開。

以上介紹做出錯誤決定的八大陷阱，相信各位都可以發現，即使得到正確資訊，有心做出正確決定，身邊卻潛伏「陷阱」。

這些「陷阱」，會讓我們經常下錯決定，做錯選擇。

讀過本書的讀者，希望你們可以從這些陷阱全身而退。及早發現自己是否快要陷入哪一種陷阱。發現陷阱，就有辦法迴避。

就像走在路上，如果沒注意地上有洞，就會掉進洞裡，但如果事先察覺地上有洞，就可以避開。

舉例來說，你參加聚會，發現大家出現「口徑一致」的情形，你就可以自我警惕「小心，這是人云亦云的陷阱」。

當你收了人家的好處，心生「趕快還這份人情」的念頭時，你可以提醒自己「小心中了禮尚往來的陷阱」，防止因為人情而做出錯誤的決定。

如果你產生「都花了那麼多時間和金錢，放棄未免太可惜，再撐一下吧！」的想法，趕快清醒過來「別中了埋沒成本的陷阱」，停止無謂的付出。

早一點發現，你可以擺脫「感情用事」的陷阱，以「理智」行事。保持理智，可做出正確、適當的決定。

擺脫所有的陷阱之後，下一個要克服的問題是什麼？

下一個課題是「怎麼做才能做出『最好的決定』」。

改掉拖延的毛病，成功避免所有導致決定錯誤的陷阱，如果不知道如何做出最好的決定，人生不可能幸福快樂。

這種情況就好比你打算去尋寶。一切準備周全，天公作美，唯獨少了前往島上的地圖。即使你其他的準備再周全，還是不得其門而入。

在下一章，我們將討論如何能做出正確的決定。

第四章　如何做出正確的決定？

律師如何做決定？

律師的壓力

這一章要討論，導致決定錯誤的主要因素，以及無法下定決心的特徵。從本章開始，你會學到我在決定時需要的具體技巧。

我經常被問到這個問題。

「律師平常都怎麼做決定？」

律師的工作內容，必須見證有些人一輩子不一定遇得到的重大事件，還得扮演催化劑的角色，促成委託人（客戶）做決定，更重要的是，律師身為委託人的訴訟代理人，等於背負著委託人的人生。委託人很可能因為律師的決定而出現重大轉變，所以律師做決定所要承受的心理負擔，沉重程度非同小可。

律師在下判斷前，會有哪些過程？

「以結論的理想程度為最大考量」是做決定的最高指導原則，不過，整個判斷流程對於律師來說，在某種程度上已系統化。

流程如下：

①發現問題

②提出假說

③收集證據

④將假說和證據進行符合邏輯的整合性確認

⑤直覺

接著依照順序，詳細說明這五個流程的內容。

▲①發現問題

第一步作業，律師要找出案件的問題及爭議點。

假設有間公司的社長登門請我接受他的委任。他遇到的問題是，已經離職的員工，要求支付積欠的加班費。

離職員工主張，有加班，公司就應該支付加班費，公司卻主張「沒有硬性規定他要加班」、「業務員的工作屬責任制，以工作結果為判斷標準。無法達成結果，應該無償加班」。

我在這裡發現兩個會有爭議的問題。

・員工是否在正常工作時間以外，加班工作？
・如果有，是基於公司的強制規定，還是個人自願性加班？

公司主張的「員工應該無償加班」，在法律不受承認，所以根本不必考慮提出這個抗議。我會向公司說明「在法律上，即使表現不佳的員工，在公司的要求下，在正常工作時間以外加班，公司必須支付加班費」，讓公司接受。

▲②提出假說

第二步是「提出假說」，就是設計一套「讓客戶勝訴的說詞」。

這個案件，可以成立的假說有好幾種。例如，「本公司全面禁止加班，所以不必支付加班費。全體員工都準時結束工作。下班後是員工的自由時間，完全不受公司強制規定」，或者是，「本公司對每個月的加班時數有一定的規定（加班時數上限），加班費完全依照規定已全數支付。所以並無加班超過時數上限之情事」。

這個階段，提出愈多的假說愈有利。

▲③收集證據

提出假說之後，接著要收集與假說相關的證據。

就這個例子而言，相關證據包括徵才條件、工作聘書、契約書、工作守則、薪資、出勤卡、業務日報表等。

這階段收集證據，不僅限於對客戶有利的證據，不利於客戶的證據也都要收集。

▲④將假說和證據進行符合邏輯的整合性確認

驗證第②步「提出假說」，和第③步「收集證據」，在邏輯是否有矛盾的地方。驗證完畢，排除邏輯上沒有整合性的假說。

舉例來說，一開始已經設定「本公司全面禁止加班，所以不必支付加班費。全體員工都準時結束工作。下班後是員工的自由時間，完全不受公司強制規定」的假說，但證據「薪資明細」會使這個假說露出馬腳，因為上面出現「加班費」。

支付給員工的金額，出現加班費的名目是事實，等於和「不必支付加班費」的假說自相矛盾，因此只能排除這個假說。

要注意，證據的可信度並不是完全沒問題，因此證據必須要經過確認。

可信度有問題的證據，會反證實情。這時，除了假說，證據也必須排除。假說和證據出現矛盾時，如果排除假說，可能會同時排除對自己有力的假說。如果證據的可信度很高，則不利的假說必須排除，但證據的可信度如果不高，必須確認證據的可信度。

▲⑤直覺

經過篩選，最後剩下兩個符合證據的假說，我會以律師的直覺，判斷哪一個正確。

有些人會很訝異：「什麼？前面你都強調要符合邏輯，最後居然要用直覺定案？」

透過人生的各種歷練，身為專業律師，我的直覺的靈敏度不斷進步。有關直覺，後面會有詳細說明，不過我想先告訴讀者，每個人在做決定的時候，其實都很仰賴直覺的力量。

「直覺」絕對不是毫無根據的胡亂瞎猜，是透過我們日積月累的豐富經驗與知識，引導至正確結論的能力。經過一定的社會歷練，「直覺」會在工作方面派上用場。

身為一個專業律師，在執筆本書之際，我已經累積十九年的經驗，多虧這些經驗，我才有辦法憑著直覺，做出「正確的決定」，得到「可以打贏這場官司的結論」。直覺等於是最後關頭的決定利器。

▲保持眼觀八方的原則

在律師工作的過程中，決定案件的處理方式，在做決定前，都會思考一個問題。「這件事情在關係者面前呈現何種樣貌？」「現在所做的決定，對他們會有什麼影響？」

這是「眼觀八方」的習慣。

以前面的離職員工要求公司支付加班費為例。

我的委託人是公司，當然要以公司的立場和利益為優先考量。就算不刻意提醒自己，我還是會秉持這個原則做事。

要注意公司以外的各種角度。

只從公司的角度看事情，難保不會出差錯。

例如，那位已離職員工，說不定握有公司不知情的有力證據，能讓公司在這場官司輸得一敗塗地。正如有句諺語「狗急跳牆」。如果這位離職員工著急起來，可能會無所不用其極，例如，找工會以團體的名義發聲、散發黑函、上訴到最高法院等。公司會因此付出龐大的費用和時間。

有鑑於此，律師除了替公司著想，必須揣摩離職員工的感受，想想對方可能握有什麼樣的證據、對公司抱持著何種感受等。

如果有辦法掌握這位離職員工的家庭背景（已婚未婚、是否獨居）或經濟狀況，都要把這些納入考量。

對方的經濟狀況不佳，養家餬口的負擔很重，就不會花費大量的金錢和時間，與資方長期抗戰。

同時我也必須思考對方的律師會從哪個方向出招。雙方一旦對簿公堂，必須接受法院的審判，因此要以法官的立場為出發點，思考「聽到雙方的說詞，法官會如何裁決」。

因此，律師接受委託後，必須採取各種方位的角度，替委託人設想，擬訂一套策略。

▲預想配套方案

設想其他人的狀況，可以讓你在下決定時，受益良多。

你在決定某件事的時候，必須預想周圍會有什麼反應與感受。

假設你現在有意從目前的公司離職，另謀高就。

如果你下了這個決定，失去你這名員工的公司、主管、同事、下屬、客戶都會受到影響。包括你的家人。

這些人聽到你的決定，心裡會有何感想，會如何反應？他們投的是贊成票，還是反對票，或者漠不關心？

請把自己假想成另一半，想想對方的感受。

假設如果你太太是全職主婦，每天忙著做家事，還要照顧三歲的小孩子，掌管家計。目前家裡的存款是日幣三百萬。雖然滿意現在租的房子，但未來還是有購屋的計畫。你打算去的新公司，可以讓你一展長才，但就太太的立場看，新工作的穩定性不足。

考慮到上述的情況，如果你是太太，你會贊成先生換工作，還是反對呢？

請站在別人的立場，設身處地去思考每個環節。

這麼做的目的很簡單，就是為了評估周遭的反應。

要放在第一位的，是你的人生，所以不必為了顧慮別人的感受，委曲求全。即使你已做好心理準備「太太一定會反對」、「上司對我大失所望」，但是你辭意已堅，請想辦法說服他們，得到他們的諒解就不成問題。

請在決定前，先預想各種配套方案。

臥薪嘗膽大作戰

▲選擇當下和未來的差異？

「與其放眼未來，不如把握當下」是人們的共同想法。

假設有人向你提出了兩個選項：

①現在馬上拿到一萬元。

②先不拿，一年後拿到一萬五千元。

你的選擇是①還是②呢？

大多數都會選①。

現在馬上拿到一萬元。

以目前的銀行利率計算，一年後可以拿到一萬五千元絕對比較划算。但是，大部分的人，還是寧願「先拿先贏」。

所以，如果有一本書教人「就算再辛苦，堅持到底，相信終有成功的一天！」這本書一定賣不出去。只有「方法簡單，很快看得到效果」，這樣的書才會大賣。

靜下心仔細想想，天底下哪有靠簡單、速效的方法，就能成功的好事？只有養成不受習慣拘束，勇於接受新思想，堅持到底，才能獲得成功。

但一般人還是選擇相信，「天底下真的有白吃的午餐」，只顧追求眼前的利益。因為我們容易意志薄弱，無法抗拒誘惑。

▲模擬成功的畫面，擊退誘惑

我在學生時代，為了準備司法考試，有段時間曾不眠不休的努力讀書。

我很清楚，如果不提早一年開始苦讀，根本沒有考上的機會。但我還是很想和朋友出門玩樂。有時候抵抗不了電視的誘惑，一看就欲罷不能。

考上律師以後，愛怎麼玩都不是問題，然而「立刻想要」的誘惑太過強烈，所以在準備考試期間，為了戰勝誘惑，就讓我吃足苦頭。

每當我快要撐不下去，我會努力想像考上的那一瞬間，成為律師大顯身手的畫面。

為什麼一般人比較會重視現在的價值，勝於未來的價值呢？

因為，現在無法實際體驗未來的價值。

把現實看得比幻想的世界重要，對人類來說是理所當然的。

我們應該看重的，是未來的價值。如果要做到這點，必須認清未來的價值是否成真。

我的作法就是在腦中模擬考上的畫面，讓自己有所感受。

為了將想像化為實際，代價是我必須熬過苦讀的生活。把考上的價值和出去玩的價值放在心中的天平衡量，我可以立刻分辨輕重。

▲努力不忘初衷

介紹一段中國典籍故事。

你應該有聽過「臥薪嘗膽」這句成語。

在此簡單說明這句成語的背景。

西元前六世紀末，吳王闔閭為了報復越國的攻擊，舉兵攻打越國。沒想到，吳國敗於越國，闔閭因病而亡。

闔閭在臨終之際，交代兒子夫差要為自己報仇。

夫差承諾「我一定在三年內為您報仇」。

夫差有心實踐自己的諾言，他為了要隨時提醒自己，不忘記這份屈辱。所以，他要自己睡在柴草上（臥薪），讓疼痛使自己不忘復仇的決心。

不久，夫差率領大軍攻越，把越王勾踐的軍隊殺個片甲不留。最後，勾踐淪為夫差的馬夫。受盡屈辱的勾踐，發誓要復仇滅吳。

勾踐後來被允許回到越國，為了不鬆懈下來，勾踐天天嘗苦膽（嘗膽），提醒自己不要忘記過去的恥辱。

勾踐戰勝了自己的惰性，富國強兵，在二十年後率領雄兵，大破夫差的軍隊，一舉滅吳。

雪恥復仇的目的會在「很久以後」才會如願以償。

要抵擋眼前的誘惑，絕對不是簡單的事。

夫差和勾踐，一個臥薪，一個嘗膽，用意都一樣，就是讓自己隨時不忘曾經受的屈辱，他們能把未來的復仇大業，和眼前的利益畫上等號，順利戰勝誘惑。

如果意志不堅，容易屈服誘惑；能想辦法讓自己隨時不忘過去的失敗體驗，就會得到一定的效果。

例如，英文學得不好，不妨想想自己曾經因為不懂外語，在國外出洋相的糗事，或上課受到嘲笑等慘痛回憶，讓自己痛定思痛：「我一定要持之以恆，努力學習」。這樣你就不會短視近利，忽略長遠的利益。

不受誘惑的「奧德賽作戰」

如何抗拒誘惑

想要度過艱鉅的關卡，必定要與各種誘惑搏鬥。因此能做到排除誘惑，毅然下決定，是很不容易的。

我推薦一種抵抗誘惑的好方法。

希臘的敘事詩《奧德賽》中，有一段這樣的故事。

英雄奧德賽為了避免眾人被女妖賽倫的銷魂歌聲迷惑，而葬身海底，因此絞盡腦汁苦思。

最後，他接受女神瑟西的忠告，等到船隻行駛到快要接近賽倫居住的島嶼，下令每個船員用蠟封住自己的耳朵。

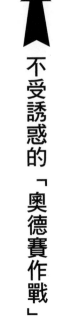

奧德賽自己沒有封住耳朵，他想親身體驗，抗拒女妖歌唱的誘惑，但稍有閃失，就會喪失寶貴性命。

因此，他下達這樣的命令。

「我要你們用繩子把我綁在桅杆上，繩子一定要綁得夠牢，讓我動彈不得。就算我大發脾氣，也絕不可以鬆開繩子。」

後來，奧德賽被女妖賽倫的歌聲迷惑，破口大罵要船員們鬆開繩子，但是忠心耿耿的船員們謹記奧德賽的吩咐，把繩子綁得更加牢固，度過危機。

誘惑就像個難纏的敵人，力量強大，無法靠一己之力戰勝。

奧德賽為了克服誘惑，借用別人的力量。他要別人把他牢牢綁住，逃離誘惑。

▲借助他人的力量，貫徹自己的意志

奧德賽為了戰勝誘惑，要把自己綁在桅杆上，同樣地，我們為了遠離身邊的誘惑，是否會採取一些非常手段？

例如，如果你每天沉迷於電視而耽誤課業，乾脆把電視「賣掉」。

但是，即使做到這種程度，也無法完全杜絕誘惑。

假設你打算斷食，丟掉家裡所有食物。

一般人大概撐個兩天就是極限，你最後還是會屈服於「食欲」的誘惑，出門買東西來吃。

因此，你應該效法奧德賽，借用別人的力量，克制誘惑，而不只是靠自己。

你可以拜託朋友的協助，或參加專業的減肥機構。

當你想要借助外力，可以參考以下幾個範例。

〈高中生〉

拜託家人，在自己背好二十個英文單字前，不要端出晚餐。

〈社會人士〉

告訴家人，若是一個月沒有讀完五本書，零用錢就扣十％。

〈大學生〉

和父母說好，如果沒有通過考試，每個月的生活費就減少。

尋求他人的協助，幫助自己貫徹意志。

＊意志薄弱，請尋求外力協助。

戰勝自己「封殺藉口大作戰」

▲不要幫自己找藉口

在妨礙做決定的阻力之中，最麻煩的屬於「藉口」。

幫自己找藉口，往往造成無法下定決心。

例如，有位正在節食的女性，到公司收到看起來很好吃的蛋糕。

她就自言自語：

「蛋糕對正在減肥的人來說是違禁品，可是，『人是鐵，飯是剛』這句話很有道理。反正今天得加班，本來就得吃點東西。只吃一個蛋糕，對減肥應該不會影響太大，我明天少吃一點就好。」

所以她很乾脆的把蛋糕吃掉。

有位把工作帶回家做的員工，卻想睡覺。

他告訴自己：

「好想睡。可是這些工作一定要在今天做完，我還是再撐一下好了。不對，有句話說『早起的鳥兒有蟲吃』，早起精神好，工作起來比較有效率。把鬧鐘設定好就沒問題。今天就先睡吧！」

由於第二天起床的時間和平常一樣，他只能把完成進度是零的工作又帶回公司。

每個人都會幫自己找藉口。

原因很簡單，幫自己找藉口，生活比較輕鬆。

產生這些藉口，在於「想去玩」、「想放鬆一下」，這些念頭並不是臨時起意。

如果你發現自己開始找藉口，代表「拖延症候群」已經發酵。

要處理這種情況，關鍵在早點察覺自己的想法。藉口是說服自己的產物，如果能早點擺脫拖延的心態，就能提早避免自己開始找藉口。

如果發現自己在找藉口，最重要的是調整心態「啊！我剛剛想的都是藉口。這樣做決定會變得拖拖拉拉。不可以這樣。」

▲坐而言不如起而行

各種藉口，最不可取的屬於「提不起勁」。

遇到準備資格考試、學外語、棘手複雜的工作、整理房間等情形，很多人容易用一句「我現在提不起勁」來搪塞。

這時，我希望各位能想起這段話。

女作家賽珍珠曾說：

「我不會等到興致來了才行動。如果我這樣做，只會一事無成。要有趕快完成工作的自覺。」

賽珍珠傾注了無比的心力，照顧重度障礙的女兒，寫出曠世鉅作《大地》，榮獲諾貝爾獎、普立茲獎。

從她的這段話，我們得到了啟發。為了成就偉業，不能等到興致來了才行動。

我們的選擇是什麼？

可以等到想做的時候再行動嗎？

還是趕快完成眼前該做的事呢？

答案再清楚不過。

請各位做決定的時候，謹記「坐而言不如起而行」的原則，別再拖拖拉拉。

＊找藉口只會妨礙實力，做決定請盡全力。

「篩選大作戰」三階段

▲選擇太多反而無法選擇

面對多個選擇，有些人會這麼說。

「選擇太少了吧！沒有其他選擇了嗎？這麼少怎麼選呢？」

聽到這樣說，有些人會感覺很有道理。

選擇多，就能做出好選擇，聽起來很合理，但是，選擇愈多真的愈好嗎？

關於這點，美國哥倫比亞大學的教授希娜．艾因嘉曾進行一項實驗。她的調查主題是美國一九九五年的果醬銷路。貨架上陳列出來的果醬種類，到底是愈多賣得好呢？還是少一點賣得比較好？

對於賣場陳列二十四種果醬，以及陳列六種果醬，兩者的銷路進行比較。

進行這個實驗之前，很多人都看好種類豐富的貨架，認為一定是陳列二十四種果醬的銷路比較好。

沒想到，結果跌破眾人眼鏡。

大獲全勝的是陳列六種果醬，而且銷路超過二十四種果醬的六倍。

這個實驗發現，原來選擇太多，會讓有些人乾脆放棄購買。

選擇太多，反而不知如何選擇，最後什麼都不選。

回想你買東西的經驗。選擇太多，看得眼花撩亂，東挑西選，最後還是空手而回。

太多的選擇，是妨礙判斷的主因。

▲減少選擇

如果選擇太多，導致遲遲無法下決定，該怎麼解決？

從「減少選擇」下手。

做決定時，想要一下子從眾多選擇，挑出一個，並不容易。因此第一步要減少選擇。

假設選擇多達一百個，就訂出一個標準，把一百個選擇刪減到十個。替選擇「瘦身」。

一下子要你從一百個選擇挑一個會有困難，那麼先挑出十個，應該比較容易。

挑到剩下十個選擇，再從中選出唯一的一個，如果這樣還是下不了決定，就暫時選出三個。

進行階段性的篩選，最後剩下一個選擇。

該用什麼樣的標準將選擇減少呢？

請依照「一開始隨便選，接著仔細選，最後靠直覺」的步驟。

例如，你去買衣服，店家有一百件衣服供你挑選。

這時，你先選出十件候補的衣服，用一個大概的標準取捨。

比方說，你可以以「用途」當作考量。如果你的目標是「適合假日的休閒外出服」，請排除每一件目標不同的洋裝，只留下符合標準的衣服。

第二步是淘汰到三件。再把其他要素加入篩選標準。

例如，「我想買春裝，顏色要清爽」，「怕突然遇到熟人會不好意思，款式太休閒的不適合」等等。除了原先的標準，再加入其他標準。

先挑出前三名，不論最後選擇哪個，都可以達成你的目的。

最後請仰賴直覺，挑出一件。

先將選擇減少，再以階段性目的導向，可以得到最恰當的結論。

＊先篩選，再選擇，才能做出最後決定。

如何用直覺做判斷

▲你是用右腦還是左腦做決定？

右腦掌管情感，左腦支配理性。依不同的情緒和狀況，由左腦和右腦支配。

律師平常都以邏輯去推論結果，要求思考保持理性，符合邏輯。我無法觀察到腦的運作，如果看得到，我猜我的左腦每天一定都很忙。運動選手和藝術家，對感覺與靈感的重視程度高於邏輯，主要運作的是右腦。

不論大小事，做決定和左腦或右腦支配，有很密切的關係。

▲迷惘的時候靠直覺決定

我屬於左腦支配型，理智通常會戰勝情感。我會依照「哪一種比較恰當」推理出正確結論，而非「喜惡」。

右腦支配型的人，不必按照這一套方式下結論，左腦支配型的判斷方式不適合你。

遇到某些就事論事的重要場合，則另當別論，日常生活的各種決定，我想右腦支配型的人，按照「喜惡」，直覺下決定會比較好。

「喜惡」是一種情緒，不會有後悔的問題。右腦支配型的人屬於「依照喜惡，不會仔細分析優劣得失，不重視自我控制」。

如何判斷自己屬於左腦型還是右腦型？

請看看自己屬於哪一種支配型：

・理性派。

・對理論的重視程度高於感覺。

．不願自助旅行，寧願參加行程都已安排妥當的團體旅遊。
．不想在團體中擔任帶頭的領袖，只想擔任制定策略的幕僚。
．善於分析的能力，高於掌握事物全貌的能力。
．認為正確比個人好惡更重要。

前面幾點，答案「Ｙｅｓ」比較多，屬於左腦支配型，「Ｎｏ」居多，是右腦支配型。請了解自己的類型，找出合適的判斷方式。

▲直覺的正確性

右腦支配型按照直覺判斷，有些人會產生「不信任直覺，我不想做錯決定」的顧慮。

這些擔心是多餘的。

依照以往經驗，憑直覺判斷「好像行得通」，和經過仔細評估，兩者的結果，是否常常相去甚遠？

經過你仔細評估，卻還是得到錯誤的結論，後悔「早知道相信直覺就好了」，一共有幾次？

直覺，雖然不到百發百中的程度，但其實「八九不離十」。

直覺，並不是憑空浮現的靈感。而是運用人生目前為止的所有經驗、知識，最後得到答案的一種力量。

美國普林斯頓大學的心理學教授亞歷山大．托多洛夫，曾做過這樣的實驗。

讓受試者看許多張參選政治家的照片，請他們依照外表替這些政治家的好感度和能力各方面打分數。據說在參眾兩院、州長的選舉，約有七十％的當選者，以照片便得到「看起來似乎很有能力」的評價。

從照片進行直覺判斷的準確率，大約是七十％。

▲棋藝的直覺

日本將棋，是一種必須將邏輯思考發揮到極致的競技。

高明的棋士，除了解讀對手下這步棋的意圖，還必須預測雙方你來我往的幾手、幾十手，甚至幾百手怎麼下。將棋是理性和邏輯主宰的世界，是無法靠直覺判斷的競技。

羽生善治很早就在日本將棋界嶄露頭角，他在一九九七年成為日本將棋史上首位七冠王，締造前所未有的紀錄，二〇一二年，獲得的頭銜數已達八十一期，創下日本新紀錄。目前仍活躍日本將棋界，堪稱將棋界的超級巨星。

羽生身為將棋界大師，卻說「直覺的準確度有七成」。他說他每次都以直覺決定下一步棋，事後抽絲剝繭檢證，發現有七成是正確的。

羽生善治在他的著作《判斷力》（角川書店出版）中，曾說過一段話。

「直覺，是透過各種經驗培養而成，從腦部無意識的部分浮現而出，並不是無中生有的。」

我所負責的案件，仰賴直覺，同樣可以預測正確的結論，再以理性思考，做出最後決定。經過比較，我的直覺準確率大概是七成。

將棋和法律都是以邏輯做決定的類型，具有直覺的準確度，我想，以直覺判斷日常生活所遇到的問題，結果不會太離譜。

與其為小事猶豫煩惱，無法下定決心，甚至煩惱到最後，還是做出錯誤的決定，乾脆仰賴直覺判斷，是不是比較省心省力？

直覺，會有失誤的可能。

但如果你相信羽生善治的說法，準確率有七成。

把決定權交給直覺，值得一試。

▲直覺的注意事項

直覺就像做決定的導航系統，準確率高達七成。

仰賴直覺做決定，有需要注意的地方。

第一，心情要保持平靜。思緒要是雜亂，直覺會失靈，容易做出錯誤的決定。

這點從德國的心理學實驗可以得到驗證。

某位心理學者調查，以直覺作答的準確率，把受試者分為兩組，在測驗正式開始前，要一組的受試者回想開心的回憶，另一組回想過往的傷心回憶。

心理學者發現，回想開心的回憶而作答的一組，準確率高於回憶傷心過往組。

換句話說，情緒變得負面，內心起伏劇烈，直覺的準確度會失準。為了讓直覺保持正常水準，達成七成的準確率，心情要保持輕鬆、平穩。

情緒激動的時候，不能仰賴直覺做判斷。

遇到情緒激動，卻需要做決定的時候，最好把做決定的時間往後延。

例如，進行雙方談判，如果對方給你趕快做決定的壓力，但你覺得當時會感情用事，可以找「我要上洗手間」、「改天再回覆你」等各種理由，當作緩兵之計。

情緒起伏過大，會造成無法判斷，一不小心就會做出錯誤的決定。

謹記「情緒起伏過大，此時千萬不要冒然做決定」這個鐵則，才不會嚐到失敗的苦果。

第五章　面對影響人生的重大決定

重大決定前的準備工作

事前釐清

同樣是「決定」，結果卻有天壤之別。

挑選約會穿的衣服是「決定」，到底要不要讓病危的親人接受急救，也是一種「決定」。

前者是讓人開心的奢侈煩惱，後者屬於沒有希望曙光的重大決定，會讓人質疑「這樣決定真的好嗎？」

決定這兩件事的心態和注意事項，有很大的差異。

在做重大決定前，該注意哪些地方呢？

第一，決定的重要性愈高，做的準備工作愈不可馬虎。

「預先做好最壞的打算」。

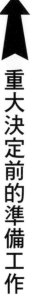

這是律師的工作守則。

寄存證信函、上法院打官司、協商、和解、申請破產等等，都是律師的職責。這些決定，常常會攸關委託人的人生與公司前途的「重大決定」。

這時，把利益得失當作唯一考量，會不夠周到。

如果當初的評估很樂觀，後來事情卻演變成最惡劣的情況，就會陷入進退兩難的局面。

某位社長曾找法律事務所諮商一個問題。

原本在他公司上班的某位員工離職，自己開了一間公司，成為他的競爭對手。

離職員工把這位社長公司的員工挖角到他的公司。

更過分的是，他還向以前負責的顧客，散播社長公司的不實謠言，打算接收到自己的公司。

因此這位社長打算向離職員工的公司請求損害賠償。

想打贏這場官司，必須要有證據。

為了證明離職員工有毀謗、中傷公司之實，這位社長必須提供證據。為了證實自己所言不虛，必須請公司的客戶以證人的身分出庭，否則勝訴的機會不大。

勝訴的關鍵在於，公司的客戶願不願幫忙。如果客戶拒絕，這場官司無法勝訴。他們很可能會說：「我不想淌這個混水。」

律師要做兩個決定。強制客戶出庭，或是放棄請客戶作證，繼續苦戰。強迫客戶出庭的困難度太高，就算辦得到，必須付出代價，從此失去這位客戶，公司的業績會遭到莫大的損失。但若客戶不出庭作證，等於錯失向離職員工請求損害賠償的機會，雖然心有未甘，起碼能保住和客戶間的關係。

▲最壞打算的三個步驟

你該如何應對「如果演變至最壞的局面？」

請按照以下三個步驟逐一進行。

①預想最糟糕的情況（想得愈具體愈好，包括細節）。

↓

②演變至最壞局面時，該如何應對。

↓

③有了解決方案，抱著最壞的打算下決定。

為了請客戶出庭，導致生意做不成，讓公司蒙上負面陰影，對方的公司惡意中傷，導致本公司形象受挫等，都是公司預想的最糟局面。

接著想出因應之道。包括①決定不請客戶出庭作證，但要將對方上訴，對簿公堂（律師判斷，這應該會讓對方元氣大傷，達到防止日後繼續毀謗的效果）、②不請客戶出庭作證，但想辦法擊垮離職員工、③走訪各間客戶的公司，爭取支持，如果客戶以停止交易做為威脅，就放棄等等。

事前做好種種情況的模擬，就算事情真的演變到最壞的局面，也不怕無計可施。

我念大學時，立志要考上律師，當初已做過「最壞的打算」。

當時的日本司法考試，錄取率只有二%。想要通過合格的窄門難如登天，即使腦袋比我好的東大學生，也有人苦讀好幾年還考不上。

我沒把握能考上。

我給自己設的最低底限是：「考不上，什麼工作都去做」。我並沒有抱持樂觀的想法，「船到橋頭自然直」不適合我的狀況。

我只能背水一戰。

這樣的體認使我燃起鬥志。經過一番苦讀，我終於在二十五歲通過司法考試。或許我運氣好，但如果當初沒有預想到最差的狀況，我想我應該無法下定決心，全心投入考試。

如果不告訴自己「你已經沒有退路」，而是拼命擔心「要是考不上怎麼辦？」說不定我會一直考不上，無緣做律師。

接下來，我要介紹四個真實案例，讓你知道在不同的情況下，如何做決定。

真實事件中的每位主角都不知道該如何決定，因此我透過客觀的立場，給予建議，讓他們做出更適當的選擇。

案例①

辭掉工作？還是第四度挑戰醫學院考試？

案主是三十歲男性，大學畢業，曾進入某大電機廠就職。

我並沒有對自己的工作不滿意，但自從父親腦中風發作，促使我產生行醫的念頭，希望有朝一日能成為醫生。

我毅然的辭去工作，決定考醫學院。

入學考試的準備比我想像辛苦，這與我打從心裡討厭數學有關，我的成績一直無法達到預期的目標。今年已經是第三次參加考試，還是「槓龜」。一直默默支持我的父母，態度出現轉變，他們要我調整心情，轉換跑道重新出發。

我完全理解父母的想法，但如果就此放棄，至今的努力等於付諸水流，想到這點，我實在無法輕言放棄。

今年雖然落榜，但我已經掌握到考試的竅門，明年再考，我有把握一定可以考上。

另外還有一個棘手的問題。

我從學生時代起，有一位交往到現在的女友。

在我辭職準備考試的這段時間，女友雖然表示支持，但是她最近表示，希望我能找穩定的工作。最後更直接向我攤牌，「我不想把青春投注在不確定的未來，如果你明年還要再考，我就沒辦法和你繼續走下去。」

無法全力以赴，就這樣放棄考試，實在有違我的本意。

雖然話這麼說，一想到「萬一明年還是沒考上…」我就會開始懷疑自己，不知道這樣的決定是不是對的。

如果這次再失敗，就會導致無可挽回的結果。

我該放棄明年的醫學院考試，重新找工作嗎？

決定的步驟

▲把過去的三年當作「埋沒成本」

進入決定的步驟，你必須先擺脫幾個陷阱。

第一，你已經陷入了「埋沒成本的陷阱」。

你已經重考了三次。等於花費了三年的時間準備考試。如果你就此放棄，會覺得「白白浪費三年」。

這三年的歲月，已是回收無望的「埋沒成本」。過於執著在這一點，你會導致判斷失準。

你現在必須思考，為了今後著想，再挑戰一次考試，是否為明智的選擇。

你還可能陷入「只相信自己的陷阱」。

你誇下豪語「明年一定考得上」。但「要是明年又沒考上⋯」怎麼辦？

這時，應該冷靜下來，檢討你是否只看對你有利的訊息，所以相信「我應該考得上」。

▲降低女友對未來的不安

交往多年的女友，是你不能不考慮的因素。

女友已經給你兩個選擇，要你二選一：

・明年還要考，就分手。

・不考就繼續交往。

這種情況，正是標準的「誘導詢問的陷阱」。若是兩人以結婚為前提而交往，卻只能有二項選擇，這是很不合理的。

「明年不考，繼續交往。」「明年再考，分手。」是女友提出的選擇。女友之所以要你二選一，理由來自「對未來感到不安」。

不論明年是否考得上，讓她了解無需對未來感到不安，或許會出現轉圜。能否挽回佳人芳心，必須仰賴你的誠意和熱情。

▲展現強烈的決心

最後的問題是，明年究竟要不要再挑戰考試。這個決定攸關你的人生發展。

這個問題無法單純從功利主義的角度決定。

請仔細對照你的使命宣言。如果結果是再挑戰一次，下一步你要做的是「預想最壞的情況」。

如果明年還是落榜，重新找工作會變得很困難，不但使父母擔憂，女友也會離你而去。要承受這麼大的風險，你覺得值得嗎？

如果你覺得有那個價值，就要想辦法說服雙親和女友。

換作是我，我會把明年的考試視為「最後機會」，放手一搏。

曾經，為了全心投入司法考試的準備，我放棄了工作。

我給自己設的底限是，「如果考三次還是不合格，就放棄司法考試」，代表我強烈的決心。

考不上，我決定當個「打工族」。

你向女友和父母表明「明年還要再考一次」的決心，說不定他們會拼命說服你打消這個念頭，但你表現堅定的意志「我明年一定考得上」，也許能漸漸讓女友和父母放心。

參加考試，只有考上或落榜兩種結果。

不論結果為何，責任都由自己承擔。因此，你對自己的決定千萬不能有半點遲疑，人生才不會有缺憾。

人生，有捨有得。既然已經做出決定，希望你能相信自己的選擇，勇往直前，向目標邁進。

案例②

應該選擇哪一位求職者？

案主是五十七歲的男性，公司經營者。

敝公司是一間規模不大的鄉下工廠，製造的產品市佔率獨步全球，所以經常廣受媒體報導。

由於這個原因，公司雖然人數不多，但每年總有一些大學生畢業主動詢問公司有無徵才的需求。因此敝公司每年都會舉辦徵才考試。

第一關是筆試。

第二關是面試。

面試有兩個階段，第二階段的面試在昨天結束。

第二階段的面試，就是讓面試者體驗實際的業務，測驗職務執行能力。

通過最後一關的人，一共有三位，但每個都屬於「雞肋」型（雞肋食之無味，棄之可惜的意思）。

第一位是甲先生，學校成績優良，但看起來有氣無力，沒有精神。

乙先生擅於帶動氣氛，但他的實務能力令人質疑。

丙先生孤芳自賞，協調性不足，但能說一口流利的中文。

公司的幹部們對乙先生的評價最高，但我覺得個性再開朗，沒有工作能力還是枉然。

以前公司曾錄用像甲先生這種完全摸不透他在想什麼的員工，做沒兩天就辭職，經驗不是很愉快。

敝公司不久有進軍中國的計畫，所以丙先生的語言能力是一大利多，但是沒辦法和團隊其他成員共事，是身為社會人士的致命缺點。

我該錄用哪一個？

錄取名額只有一位。

決定的步驟

「錄取名額只有一位」沒有改變的餘地嗎？

第一步要做的是，檢查自己是不是陷入了哪些「陷阱」。

首先是「誘導詢問的陷阱」。

公司徵才，人事和預算都經過事先規劃，最後才決定錄取名額。

然而，這點並非絕對。員工是公司寶貴的資產。既然很重要，應該不用完全被人事和預算限制，沒有變通的餘地。

其實你還有其他選擇，例如，

・誰都不錄取。

・錄取兩個人。

・三個人都錄取。

保留彈性，可以降低決定錯誤的機率。

接著看看是不是陷入「只相信自己的陷阱」。

公司曾錄用和甲先生同一類型的員工，結果對方很快就辭職。如果因為一次的經驗，從此抱著「這種人很快就會辭職」的印象，很容易導致判斷錯誤的風險，必須排除這種偏見。

▲要理性的決定

員工的聘用屬於公事，必須以理性做出適當的判斷。

在做重大決定前，必須預設最壞的情況。

錄取了甲，結果對方很快就離職，公司有辦法應付嗎？

你可以馬上找到人遞補，或者把工作平均分攤給其他員工，種種備案，都必須事前做好規劃。從這個角度來看，同時錄取兩個人也不是完全不可行。

如果錄用乙，發現他的工作能力真的不適用，公司該如何處理？該給他什麼樣的工作？

要讓他在試用期滿前就辭退嗎？如果真的遇到這種情形，必須事先規畫人力調配。

假設最後錄取甲，但是他沒辦法和團隊共事，公司如何安排？

要讓他獨立作業？還是維持公司一貫的方針，不為他首開先例，都是必須事先考慮的問題。

一一檢討上述要點，如果出現「無法處理」的情況，就刪掉那位人選。絕對不可以抱著僥倖的心態，冀望著「說不定以後他會改」。

針對每一位人選有待改善的問題點，想想是否可以透過公司內部教育來改善。逐一檢討，最後決定錄取對象。

有人曾說，公司錄用新進員工，最重視的特質是對方是否認同公司的經營理念。

這點會直接關係工作表現的好壞。如果在這三位人選之中，發現有哪個人「很認同公司的經營理念」，可以把他選納入優先考量。

如果我是公司社長，我會怎麼做？

我不會錄取甲、乙、丙任何一個人。

我的方針是只錄用「想要一起打拼」的對象，沒找到這樣的人，我不會錄取。

萬一決定誰都不錄取，造成員工工作負擔增加，我想可以和員工溝通，得到他們的諒解。

過一段時間，再重新發出徵才啟事，找尋更理想的人才。

不要誤踩「只相信自己的陷阱」，該考慮的是，怎樣對公司最好。

案例③

一個是花心的前男友，另一個是沒有經濟能力的現任男友，我該選誰？

案主是二十九歲的女性。

我和目前的男友甲交往三年。

他的個性穩重體貼，一切都為我設想周到。

興趣是烹飪，手藝可媲美專業廚師，他常說：「我想把你餵得飽飽的，有空我就研發新菜色。」到了假日，他總會準備拿手好菜，讓我一飽口福。

我不討厭他。

唯一的致命缺點是，他是個派遣員工。

雖然他說：「當個派遣員工就沒有人際關係的糾紛，樂得輕鬆。」但我擔心他在公司的身分沒有保障，而且，我猜我的薪水可能比他還高（雖然我沒有詳細問過他…）。

一個星期前，甲向我求婚，但我還是很介意他的社會地位和經濟能力，所以沒有馬上答應他，只對他說：「讓我考慮一下。」

前男友乙是我在公司隔壁部門的同事，資歷比我深。我剛進公司的時候，曾經和乙交往，但是半年左右就分手。

理由是他出軌。乙長得一表人才，工作能力更是一把罩，是公司女同事們眼中的績優股。但是，他和我交往的時候，還和子公司的女職員糾纏不清，腳踏兩條船。

兩天前，他向我要求復合。

我原本想直接了當的拒絕他，但是乙很誠懇的告訴我：「之前是我不對，我現在年紀老大不小了，想和你這種顧家的女孩子定下來。」

和他分手後，我在公司聽過不少有關他的負面傳聞，所以我很猶豫，不知道該不該相信他的話。扣除他出軌這點，我和他在其他方面都非常合得來。

我該不該接受甲的求婚？

乙的話該不該相信呢？

決定的步驟

▲選項並非只有兩個

你要提醒自己，不能陷入「到底要選甲還是乙」的陷阱。

你的選擇有五種，包括「接受甲的求婚」、「拒絕甲的求婚」、「拒絕甲的求婚，和乙舊情復燃」、「接受甲的求婚，拒絕乙」、「拒絕甲和乙」。

一般人遇到這種情況，難免都會產生「我一定要二選一」的想法。

一一檢討上述五個選擇，或許最後會留下兩個選擇，為避免出錯誤的決定必須警告自己，是否陷入「誘導詢問的陷阱」。

▲決定，就不要反悔

下一步是逐一檢視每一種可能，預想最壞的情況。

和甲結婚，最壞的情況就是失業。

你是否做好心理準備，願意一肩挑起家計？重新找工作，甲是否會先求有再求好，不論什麼樣的工作都願意做？你必須事先設想到這種程度才算周全。

答應和乙破鏡重圓，最糟的情況是他又再次出軌。萬一事情真的發生，你會和他分手嗎？還是你對自己有信心，相信他不會再移情別戀？

你同時拒絕兩個人，最糟的情況是錯過姻緣，耽誤了終身大事。

如果遲遲遇不到真命天子，你願意隨便找個人湊合過一生嗎？還是你能堅持自己的擇偶原則，終身不婚？

預設所有最壞的局面，如果覺得「辦不到」，就刪掉這個選擇。

最重要的是，你必須了解「凡事不能兩全其美」的道理，沒有一個選擇可以滿足所有的需求。

既然有得，必定有失。

這是做決定一定要有的覺悟。

案例④

我該隱瞞病情，還是坦誠相告？

案主是四十七歲女性。

大約從兩個月前開始，我先生開始抱怨身體不舒服，症狀有「消化不良」、「沒有食慾」等等。

一開始我不以為意，還開玩笑的對他說：「你一定又亂吃東西了吧？」但為了保險起見，我還是決定和他一起去醫院。

幾天後，我們坐在候診室等著看檢查報告，我被單獨叫到另外一個房間，從主治醫生口中聽到震驚的事實。

我先生得了胃癌。

雖然是初期，但是癌細胞不斷增長，日後的結果還很難說。

醫生告訴我，要不要向患者本人告知病情，由我來決定。

我先生膽子非常小，所以我當下的決定是不要告訴他。我不希望讓他感到不安，打算守在他的身邊照顧他。

馬上告訴他，他一定會寢食難安，整天胡思亂想，如果治療成功，一切平安，不就白擔心了？

但萬一他有個三長兩短，等到最後一刻才知道真相，一定會痛罵我「你為什麼不早一點告訴我！」

他應該有一些心願，想趁著身體健康的時候完成。

想到這點，我覺得應該把實情告訴他。

在我還沒決定說與不說的這段時間，我先生的寶貴時間正一點一滴的流失，我煩惱得晚上睡不著。

我該向先生據實以告，讓他知道自己的病情嗎？

還是徹底隱瞞，從頭到尾都不讓他知道？

決定的步驟

▲把決定權交給醫生

眼前有一個重大決定，正等著你做出抉擇。

請你慎重考慮。

決定大事的時候，「把決定權交給別人」是一種方法。

所以，你可以交由醫生判斷。

雖然醫生把決定的重責大任交給你，你說「我想還是請醫生您告知比較好。」醫生可能會接下這份請求。我想，醫生應該會評估自己的信念和患者的精神狀態等對治療的影響效果，再決定是否告知。

一般而言，重大決定沒有委託別人決定的道理，但是目前你的情況比較特殊。

只有醫生才能在最合適的時機點，做出最適當的決定。

你把決定權交給醫生，不等於逃避。

▲你做的決定，對誰有利？

如果你打算自己做決定呢？

你必須考慮的是，「對自己有利的決定」和「對先生有利的決定」誰先誰後。

你一開始的出發點是「什麼樣的決定對先生最好？」但是你擔心，如果事情演變成最壞的局面，先生會指責你「為什麼不早一點告訴我！」

你害怕被先生責怪，但恐怕很難避免。你選擇告知，他的反應可能是「這種事情你幹嘛告訴我！我寧可不知道！」

因此，你要擺在第一位的不是「對自己有利的決定」，而是「對先生有利的決定」。

▲確認先生的價值觀

確定了第一順位，下一步要找出你先生的使命宣言。

如果他的使命宣言的挑戰難度很高，你實話實說的可能性會高一些。如果使命宣言比較貼近心靈的滿足，你隱瞞到底的機率會大一點。

如果我是當事者，會希望早點知道實情。先做好最壞的打算，再好好思考接下來的人生要怎麼過。

但每個人都有自己的想法，不見得和我一樣。

你不清楚先生的使命宣言，該怎麼辦？

最好的作法是藉由聊天，藉由其他話題，詢問你先生的價值觀。

你以後想做什麼事？

活到現在，你有沒有因為沒做到哪些事而後悔？

你可以多準備一些這方面的話題，和先生聊聊以後想做的事情。

從談話中察覺他的想法。

能為先生做的，你都盡力去做。

▲避免最壞局面的後續追蹤

做好最壞的打算，讓心裡有個底。

有可能先生聽到你的告知，知道自己的病情，由於打擊過大，失去求生意志，拒絕接受治療。

如果決定不告訴他，隨著癌症持續惡化，身體狀況變得愈來愈差，你先生終究會知道自己的病情。

到了那時，他可能會埋怨你「為什麼不早點告訴我？如果知道，我就可以趁還動得了的時候做我想做的事！是你毀了我人生！」

事情有可能演變成最壞的結果，請你想想後續該如何收尾。為了避免演變成最壞的局面，你必須懂得後續追蹤。

如果你已做出結論，可以找信得過的親朋好友商量。

別人的建議，可幫助你做決定更有信心。

「優缺點分析表」輔助你做決定

▲M先生的重大煩惱

M先生從某私立大學畢業，進入某間都市銀行（總行位於東京或大阪，分行遍佈全日本的銀行）就職。

進入公司三年的他，不甘於當個龐大組織中的小螺絲，對未來感到茫然不安。

「我該不會就在這裡一直待到退休吧！」

M先生有個難以忘懷的夢想。

M先生讀大學的時候是文學社的社員，曾經把自己寫的小說投稿到各大出版社，小說曾得到某間知名雜誌的特別獎。

雖然進入銀行工作，M先生沒忘記進軍文壇的夢想。他在工作之餘持續寫文章，完成了一些作品。

M先生陷入兩難。

他該維持現狀，繼續安穩的當個上班族？

還是辭掉工作，專心寫作呢？

辭掉工作，就可以脫離每天擠公車通勤的生活，不必再看討厭的上司臉色，全心投入寫作。

但沒有固定工作，遲早會面臨生活上經濟的問題，存款也很快會花完。

如果繼續工作，彷彿已預見未來的悔恨，「為什麼當時我不給自己一個機會？」

更讓他頭大的問題是，他該如何向父母解釋「我想辭職」這件事。

當初他在銀行找到工作而歡天喜地的父母，會強烈反對。

就在各種煩惱夾攻之下，M先生遲遲不敢做出決定。

▲利用「優缺點分析表」決定

面臨重大決定時，我們為什麼會覺得很煩惱呢？

我們和M先生一樣，腦中被各種問題塞滿，不知道該從哪裡檢討。

但是含糊、籠統的決定，只會把事情搞砸。

介紹各位一種可以有效釐清思路，又能夠以客觀、理性的眼光做決定的方法。

就是使用「優缺點分析表」。

利用「優缺點分析表」，目的並非快速做出結論。

甚至得花一個星期才有定論。

有些人會很驚訝「什麼？怎麼那麼久！」

你覺得一個星期太久了嗎？

難道你覺得只花幾個小時檢討，就足夠進行徹底改變人生的重大決定嗎？

如果你要決定的事很重要，難道不該多給自己一點時間和耐心，慢慢導出結論嗎？這不是拖拖拉拉，而是為了做出正確決定的深思熟慮。而「優缺點分析表」是幫助各位做到深思熟慮的利器。

「優缺點分析表」到底是什麼？

準備起來很容易，不需要任何特殊道具。

請先準備一張紙和鉛筆。在紙上寫下待決定的事項。以M先生而言，「辭掉銀行的工作，立志成為作家」是一個好標題。

接著在中間畫一條直線，在右邊畫「○」，在左邊畫「×」。

「○」代表如果決定「辭掉銀行的工作，立志成為作家」會帶來的好處（優點）、「×」代表下了這個決定會造成的壞處（缺點）。請把自己想到的優缺點，分別寫在左右兩邊。

儘量想到什麼，就寫什麼。接著再等幾天，等到有空的時候再想想這個問題，如果有還沒寫的優缺點，趁機補上。

列出所有的優缺點，下一步好好思考每一個優缺點所具備的「分量」。

把「分量」納入考慮，逐一檢視每一個優缺點，或是找出可以互相抵銷的優缺點。

進行這項作業，請多花一點時間慢慢做。有些優缺點無法被抵銷，最後依剩下的優缺點做決定。

利用「優缺點分析表」檢討，M先生最後決定向銀行遞出辭呈，立志成為作家。

▲優缺點分析表的起源和優點

利用「優缺點分析表」做決定，是十八世紀的美國政治家班傑明富蘭克林首先提出的方法。「優缺點分析表」又名「精神上的代數」。

富蘭克林在美國獨立戰爭之前的一七七二年，在寫給友人約瑟夫·普林斯頓的信中，向他推薦這種做決定的方法。

「優缺點分析表」具備下列優點。

◎整理思緒

做決定所要考慮的因素環環相扣，不會只有一個。如果決定換工作，事先要考慮的層面很多，包括人生規劃、家人的諒解、收入的變化、成就感等等。先把優缺點全部寫下來，趁機把思路整理清楚。除了對自己帶來「腦力激盪」的效果，確保優缺點不會發生遺漏。

◎做決定背後的真正理由

列舉做決定的理由，此時最先想到的常常是很表面的理由。

但是，真正的理由，其實隱藏在表面理由的背後。花個兩、三天，把理由條列出來，真正的理由才能浮現出來。

從以下的心理測驗可以明白這個道理。

某位女性被詢問這樣的問題。

「請你列舉三項心目中理想男性的必備特質。」

「①溫柔、②誠實、③愛乾淨。」

「假設有兩位達到條件的男性出現，要你一定得從兩個人中選出一位，取

優缺點分析表範例　～以M先生為例～

辭掉銀行的工作，立志成為作家

○	×
不必受到公司束縛	不保證會成功
每天早上不必擠車通勤	收入不穩定
有實力，就能出頭	失去「銀行員」的社會地位
有機會一舉成名	父母反對
每天過得很快樂	失敗的話面子掛不住

決的關鍵會是什麼？」

「看經濟能力吧！」

從這個心理測驗，可以得知最後提到的「經濟能力」，其實才是回答者真正重視的價值觀。

當然有人所列舉的條件就包含經濟能力，所以這個心理測驗並非百分之百準確。但是，往往沒有人願意說出真心話，所以把理由一一列舉，會更接近實際狀況。

利用優缺點分析表的用意在於，把所有想得到的理由完全列舉出來，不分輕重，可以「順便」把真正的理由一網打盡。

◎不受感覺左右，以理性判斷

使用優缺點分析表，為了避免做決定的時候感情用事，必須多花一整個星期找出結論。

由於當事者很容易受到情緒左右，無法用客觀的角度看待。所以，優缺點分析表為了消除這個弊害，刻意隔幾天再重新檢視，這樣便能用冷靜的態度看事情。

▲○×如何抵銷

雖然優缺點分析表是一種幫助下決定的利器，但實際執行後，會出現一個問題。

就是「○」和「×」如何互相抵銷，很多人會產生疑惑，不確定兩者的分量是否相同。

例如，「不必受到公司束縛（○）」和「收入不穩定（×）」是兩個標準完全不同的價值觀，能否互相抵銷，是一個問題。

列出所有的○和×，接著以1～10分試著替每個項目評分。做法類似以下範例。

【○】
不必受到公司束縛（5）／每天早上不必擠車通勤（3）／有實力，就能出頭（3）／有機會一舉成名（5）／可以驗證自己的實力（7）／每天過得很快樂（4）

將每一個優缺點具體數值化，可以產生許估的標準，原本價值標準不同的優缺點可以互相抵銷。

有人會問「評分的標準是什麼？」

我們要搬出前面提過的「使命宣言」。

「使命宣言」，指一個人的處事原則以文字的方式呈現。

例如，有人的使命宣言是「我太在乎別人的看法，容易壓抑自己的想法。所以我最重視的，就是自在舒適的環境。」如果上面的優缺點由他來打分數，會有什麼結果呢？

我想，結果可能是這樣。

【○】

不必受到公司束縛（8）／每天早上不必擠車通勤（7）／有實力，就能出頭（4）／有機會一舉成名（4）／可以驗證自己的實力（4）／

和前面的評分結果，分數出現很大的落差。在給各個優缺點評分時，記得對照自己的使命宣言，這樣抵銷○和×就比較容易。

▲使用優缺點分析表的注意事項

優缺點分析表雖然是很實用的決定方式，但使用上能否得心應手，還是視每個人的狀況而定。使用不當，在某些場合反容易而使人陷入猶豫不決的陷阱。

M先生在優缺點分析表的「○」欄中，舉出「不必受到公司束縛」這個優點。

一件事通常都有正反兩面，若從相反的角度解讀，會看到截然不同的面貌。

改變觀點重新檢視，會從「不必受到公司束縛↓單獨作業↓凡事都得自己來↓責任增加」，發現新的缺點。

同理可證，「通勤時間過長」的缺點，意味「可以找位置慢慢看書」，如果往好的方向思考，「被指派處理客訴的問題」，等於「有機會聽到客戶最真實的心聲」。

如同上述，優點和缺點其實是一體兩面，因此不妨反向思考。如果一不注意，優缺點表會充滿偏見，導致判斷錯誤。

還有另一點需要特別注意。

有些讀者可能已經發現。

沒錯，這張優缺點分析表的項目，全都是「二選一」。

M先生的煩惱是「我要留在銀行嗎？還是往作家的目標邁進？」

這樣的設定真的正確嗎？

如果我在第三章已經提過，如果各位碰到二選一的問題，一定要思考有沒有其他選擇，才能減少決定錯誤的機率。

再想一想，相信你很快就會發現，M先生不只有「繼續當上班族」或「辭職」兩條路可以選。

- 留在銀行上班，利用工作之餘繼續寫小說，直到實力被認可再辭職。
- 從銀行的工作中發掘成就感。
- 和主管商量是否能夠留職停薪一段時間，讓自己專心投入創作（雖然公司同意的機率非常低）。

評估上述的方式是否可行，最後篩選出兩個選擇，才可以放心利用優缺點分析表，進行最後的決定。

以上是本章針對決定重要大事，說明必須注意哪些事項。
依照上述步驟，做好決定，接下來的重點又是什麼呢？
謹記「下好離手」的原則，一旦做決定，就要勇往直前，不再後悔。
接下來最後一章，我要教各位，決定之後，不後悔的方法。

第六章　勇敢決定，不後悔

為什麼做決定會後悔？

如何看待決定的結果

我在前面的章節已說明許多幫助你做決定的方法。
事前逐一檢討各個選擇，對提升決定的正確性非常重要。
不過，還有比事前檢討更重要的事情。
就是，做決定後，你會用怎樣的心態看待結果。
請各位特別注意「後悔」這個關鍵字。
我們做決定後，沒有按照預期的方向發展，往往會感到後悔。
例如，有人買車的時候，在時髦的紅色和保守的白色之間搖擺不定，猶豫很久，最後選擇白色。但在交車後，實際上路，目光就不由自主的盯著帥氣的紅色車子。

於是，後悔「早知道就選紅色。」

每個人都有過類似的經驗。

▲你做錯決定了嗎？

你做的決定，是錯的嗎？

對於這一點，我們要來重新驗證。

我在律師生涯中，曾遇過這樣的事。

有個負債約三百萬，無力償還借款的人，向我諮詢該如何解決債務。我告訴他在日本可行之道有三，分別是聲請破產、民事再生（類似更生法）、任意整理（債務協商）。我們一起檢討每一種方案的可行性。

聲請破產，負債可以一筆勾銷，不必償還，經濟負擔會減輕許多。

但「破產」的事實會造成負面影響，因為有違「有借有還」的道德認知，所以個人在心理上會排斥。

選擇民事再生，法院的介入，可以免除大部分的債務，所以能減輕經濟負擔，也不會留下「曾經破產」的紀錄。然而債務人必須償還一定的金額，經濟壓力還是很大。

最後的整理是不透過法院，由債務人直接與債權人交涉，降低債務總額的救濟方法。選擇這個方法，不會留下「破產」、「更生」的紀錄，展現「努力償還」的誠意，所以心理負擔較小。缺點是，債務降低的總額有限，在三種方法中，屬於日子會過得最苦哈哈的一種。

一一檢討這三種方法，他最後選擇聲請破產。

這種選擇，讓他的經濟重擔的確減輕了許多，得到東山再起的機會。過了一段時間，由於其他事情又和這個客戶碰面的時候，他的想法卻出現了轉變。

「律師，我覺得那時候是不是不要聲請破產比較好啊？因為欠錢還錢，本來就是天經地義的事，即使要我還錢，我想還是有辦法過日子，不至於餓死。可是，我怎麼會決定要聲請破產？我其實很後悔。」

雖然他這麼說，如果有人問我，他申請破產的決定是否錯了，我倒不這麼認為。畢竟當初他經過充分的考量，包括家人等各方面，才下了這個讓生活最沒有負擔的決定，起碼就我看來，這個決定並沒有什麼值得後悔的地方。

▲一旦做決定，就會對缺點耿耿於懷

我們對於自己的決定感到後悔，是什麼原因？

原因在於，東西到手，人就會把它的優點視為理所當然，把注意力改放在缺點。

有個女性被兩位男士求婚。但是她不知道誰才是適合的結婚對象。甲任職於知名企業，薪水相當不錯，但工作非常忙碌，兩個人幾乎沒有在一起的時間。乙的薪水雖然不高，但是工作不需要加班，因此有很多時間相處。

那位女性為了確保經濟無虞，最後選擇了甲。

以結果來說，她確實得到了經濟有保障的生活，但是，夫妻兩人卻幾乎沒有共處的時間。為了這點，她常向甲抱怨「既然結婚了，你就要早一點回來。」兩個人天天吵架。

結婚前，她應該已經把「經濟無虞的生活」和「共處的時間」同時放在天平的兩端，仔細比較過她很清楚如果和甲結婚，必須忍受孤獨，但習慣了優渥的生活之後，開始在意丈夫陪她的時間太少，經常發脾氣。

她悔不當初，「當初我為什麼不和乙結婚呢？」

就我接觸過的離婚案件而言，這種例子很多。

遇到這種情況，我常忍不住想反問一句，「這點你不是在結婚前就知道了嗎？」

▲知足常樂

看到上述的例子，可見人們經常做決定又後悔。

難道，不斷為過去煩惱，是我們無法逃離的宿命嗎？

絕對沒有這回事。

你只需心念一轉，告訴自己「滿足於目前擁有的」就可以解決。

希臘七賢之一的梭倫曾說：

「滿足於目前所擁有的。知足者會成為真正的富人，貪婪者會淪為真正的窮者。」

意思是唯有滿足現狀，才能獲得心靈的富足，對現狀感到不滿、貪得無厭的人，心靈會空虛貧乏。

一個人幸福與否，沒有客觀的標準。

有人即使含著金湯匙出生，卻找不到人生的樂趣，覺得自己充滿不幸；有人雖然出生在連溫飽都有困難的家庭，卻可以和家人開心生活，過得樂天知足。

能不能掌握幸福，和生活的貧富沒有關係，唯有滿足現狀，才能真正得到幸福。

要脫離後悔的泥淖，做決定時，就要告訴自己：「你做的決定是對的」、「這樣的選擇沒有錯」，將自己的決定正當化。

▲做完決定，謹記「不聞不問」原則

掌握了正常化的竅門，可以降低做決定又後悔的機率。

一旦做決定，就斬斷所有「如果當初⋯」「那個時候如果選擇⋯」等雜念。

前面抱怨丈夫沒時間陪她的女性為例，既然已經和甲結了婚，就應該捨棄「早知道就和乙結婚」的雜念，專心解決目前的課題「如何增加和甲相處的時間」。

買房子的時候也一樣，離車站近、空間小的甲地，和空間大、地點卻不理想的乙地，兩者相較最後選擇了甲地，就不要再想「選乙地會不會更好」。

一旦做出選擇，就不要留戀被捨棄的選擇。你要放眼未來，把注意力集中在下次的選擇。

要做到這點並不容易，只要一大意，「如果⋯」「⋯就」的念頭又會偷偷跑出來。

你還是要趕走這些雜念，定下心來，滿足「目前擁有的」，相信以後就不會後悔做錯決定。

▲謀事在人，成事在天

為了支持自己所做的決定，必須懂得把心力投注在自己可以掌握的事情上面。無法操之在己的事情，不論怎麼煩惱都無濟於事，只會讓自己綁手綁腳。

各位有沒有聽過類似下面這樣的故事呢？

小狐狸進入某間公司，開始上班。

小狐狸原本屬意從事商品企劃的工作，但是他卻被分派到業務部。才工作三個月，就被調到分公司。

這個消息，讓小狐狸像洩了氣的皮球，變得非常沮喪。

「我想做的是商品企劃的工作，為什麼被派到業務部？當初沒說我不能去企劃部。還把我調到鳥不生蛋的分公司。這間公司真的太過分，早知道就不要進來。」

小狐狸一氣之下辭職了。

小白熊和小狐狸在同一個時間進公司。他和小狐狸一樣，想做的是商品企劃，卻被派到業務部，然後又被調到分公司。

但是，小白熊的想法卻和小狐狸不一樣。

「就算和公司表明我的第一志願是商品企劃部，公司也不會理我。人事異動的命令收不回去。我只能盡量找機會，看看有沒有商品企劃的工作。我可以利用跑業務的時候，問客戶的需求，等以後做商品企劃的工作就可以派上用場。」

一年後，小白熊透過業務工作所聽到的客戶需求，寫了一份新產品的企劃書交給公司。結果，這份企劃書得到社長的賞識。半年後，小白熊不但被派回總公司，還調到他最想去的商品企劃部。

小狐狸不滿公司的安排，無法把精神集中在自己該做的事情。因此，他把決定的責任交給別人，失去工作的幹勁。

小白熊卻完全相反。雖然他不滿意公司的安排，卻不以為意，把心力集中在當下能力所及之處。所以，他的想法不像小狐狸「為什麼當初我會進這種公司？」充滿抱怨。

現實生活中，不是每個人都會遇到這種境遇有如天壤之別的狀況。與其像小狐狸，因為後悔而質疑自己下的決定（我選了這間公司），結果導致又下了一個更不理想的決定（辭掉工作），不如效法小白熊，專心做好目前能力所及的事，這樣才不會被過去的決定所束縛，以正面積極的態度面對人生。

如果不想一再重蹈覆轍，做出讓自己後悔的決定，請你務必「把心力集中在自己可以掌控的事情上面」。

為自己的決定負責

你的現在，是過去決定的結果

做決定的時候，永遠不能忘記一件事。

你一定要做好心理準備，自己承擔決定的責任。

你目前的狀況，反映出你過去下所做過的決定。

假設早上起床的時候，你發現體溫很高，所以決定向公司請假，在家睡了一整天。

你請假的那天，公司召開大型專案相關會議，並且在會議中決定各部分工作的負責人選。你因為缺席，重要的工作自然輪不到你。

聽起來很可惜，但起因是你決定請假，才會導致這樣的結果。所以，結果必須由你承擔。

▲自己決定，自己承擔

世間的一切皆有因果。

事出必有因，每件事情的結果，背後一定都和這個結果有因果關係。

我現在是律師，我在大學時代參加了司法考試。如果我當初沒有決定要參加司法考試，現在不會成為律師。

很幸運的是，我通過了司法考試，如果落榜，說不定現在就是個「打工族」。

我要參加司法考試，所以結果得由我承受。既然下決定是自己，沒有人會替你負責。

「每一次做決定的結果，都由自己負責」，不論決定的結果如何，你都不會後悔。

即使結果不盡人意，你還是可以保持正面的心態：「沒想到結果是這樣，沒辦法，自己決定的只能自己承擔，趕快想想還有什麼辦法可以補救。」

如果不正面思考，只會把失敗歸咎於別人。「為什麼只有我這麼倒楣？一定都是當初那傢伙給我錯誤的意見。」一旦產生負面想法，人生會招致更多不幸。

請把「自己做的決定，後果一切由自己負責」這句話記起來。能做到這一點，就再也不會出現後悔的決定。

▲支持自己的決定

如果你已經對自己負責，要承認自己「後悔」，不是簡單的事。發現自己的決定其實是錯誤的，會產生負面情緒，接陷入後悔的深淵。這時候，該怎麼做才能不後悔？

方法很簡單。趕快找找有沒有因為做這個決定，而得到什麼好處。一定要馬上執行。動作不夠快，心思很快就被失敗的負面情緒所佔據，開始怨天尤人，引發一連串的負面連鎖效應。

▲活在過去的小狐狸，活在未來的小白熊

小狐狸選擇和小河馬結婚，和小松鼠分手。

小河馬在結婚前，個性溫柔又非常善解人意，很會照顧別人。但是婚後卻完全判若兩人，每天遊手好閒，只顧著看電視，連家事都不做。

不管小狐狸如何指責，小河馬還是依然故我，甚至還有變本加厲的趨勢。悔不當初的小狐狸，氣得破口大罵：「這算什麼！早知道小河馬是這種人，誰會娶她啊。我的人生被一個錯誤的決定毀了。」

小狐狸從此變得失魂落魄，動不動就唉聲嘆氣。

小白熊選擇和小松鼠結婚。婚前的小松鼠個性善解人意、體貼溫柔，又很會照顧人，但結婚之後卻完全變樣，放著家事不做，整天遊手好閒，沉迷於電視。

小白熊費盡唇舌，小松鼠還是無動於衷，反而表現得比以前還要過分。

小白熊於是這麼想。

「小松鼠完全變了個人。這一定是老天給我的磨練。如果老婆的個性太好，我會被寵壞，變成沒用的傢伙。現在什麼事都得自己來，所以我不會變成懶蟲，這應該是我和小松鼠結婚帶來的優點。」

在工作上總是像個拼命三郎的小白熊，學會不斷找機會和小松鼠溝通，最後終於找到解決問題的辦法。

▲從相反的角度看事情

故事中的小狐狸，後悔自己所做決定，面對人生的態度變得很消極。這種態度可怕之處在於，以後遇到障礙或不愉快，就會怪罪於「都是那時候做的錯誤決定」，永遠走不出過去的陰霾，與幸福無緣。

如果像小白熊一樣，用正面積極的態度思考，接受自己的決定「為了自己的幸福，該如何處理眼前的問題？」你就能掌握思考和行動的重心。

正面思考，即使身處逆境，也能保持樂觀，掌握自己的幸福。

做決定之後，因果循環跟著啟動，不論再怎麼後悔，時光無法倒流。但是事情的角度不是只有一個，可以從各種方向分析。一件事既然有反面，也會有正面。

打開冰箱一看，你最愛喝的柳橙汁剩下一半，你會想，「好可惜，只剩一半了！」如果將思考轉為正面「我還有一半美味的果汁可以喝。」

決定的結果一樣，事實不變，但是樂觀的心態可以讓自己活得開心一些，帶來更多福氣。

發現自己出現負面想法時，你要先釐清自己為何會這麼想，接著從相反的角度思考。告訴自己「下這個決定是對的」。做得到這一點，人生就會減少許多無謂的煩惱。

改變看法，做決定的心理壓力就會立刻減輕。

不要再猶豫。

請相信自己選擇的路，勇往直前。每一個選擇都是最好的。

國家圖書館出版品預行編目（CIP）資料

勇敢做決定! 王牌大律師的判斷技巧 : 告別拖延病、恐懼,每一次選擇,都是最好的 / 谷原誠作 ; 藍嘉楹譯. -- 初版. -- 新北市 : 智富, 2014.11

面 ; 公分. -- (風向 ; 80)

ISBN 978-986-6151-71-2(平裝)

1.決策管理

494.1　　　103018828

風向 80

勇敢做決定！王牌大律師的判斷技巧：
告別拖延病、恐懼，每一次選擇，都是最好的

作　　者／谷原誠
譯　　者／藍嘉楹
主　　編／陳文君
責任編輯／張瑋之
封面設計／鄧宜琨
出 版 者／智富出版有限公司
發 行 人／簡玉珊
地　　址／（231）新北市新店區民生路 19 號 5 樓
電　　話／（02）2218-3277
傳　　真／（02）2218-3239（訂書專線）
（02）2218-7539
劃撥帳號／ 19816716
戶　　名／智富出版有限公司　單次郵購總金額未滿 500 元（含），請加 50 元掛號費
世茂網站／ www.coolbooks.com.tw
排版製版／辰皓國際出版製作有限公司
印　　刷／世和印製企業有限公司
初版一刷／ 2014 年 11 月

ＩＳＢＮ／ 978-986-6151-71-2
定　　價／ 250 元

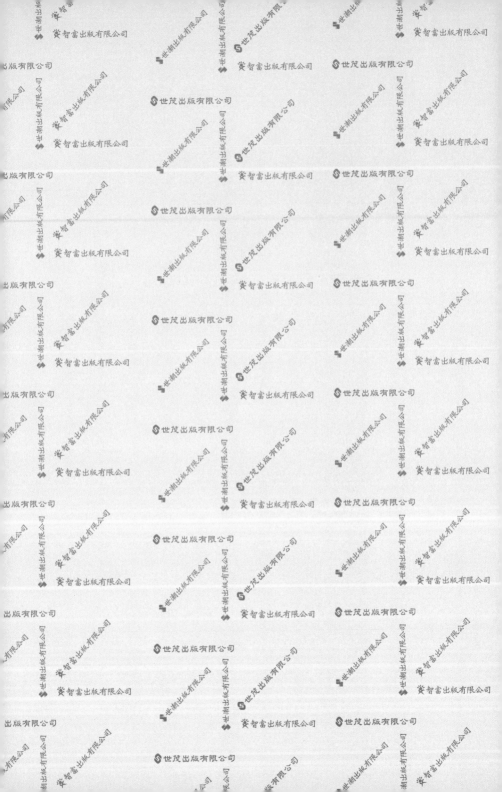